我 以 为 人 类

这 一 独 特 的 物 种 会 灭 绝，

但 图 书 馆 永 存。

——博尔赫斯 （Jorge Luis Borges 20 世纪世界文学界代表人物之一、英裔阿根廷作家）

book design 书籍设计 16

主办
中国出版协会装帧艺术工作委员会
编辑出版
《书籍设计》编辑部
主编
吕敬人
副主编
万捷
编辑部主任
符晓笛

图书在版编目（CIP）数据

书籍设计 第16辑 / 中国出版协会装帧艺术工作委员会编. -- 北京：中国青年出版社，2015.6
ISBN 978-7-5153-3475-2
Ⅰ. ①书… Ⅱ. ①中… Ⅲ. ①书籍装帧－设计 Ⅳ. ①TS881

中国版本图书馆CIP数据核字(2015)第154276号

执行编辑
刘晓翔
责任编辑
马惠敏
封面字体设计
朱志伟
书籍设计
刘晓翔
监制
胡俊
印装
北京雅昌艺术印刷有限公司
出版发行
中国青年出版社
社址
北京东四十二条21号
邮编 100708
网址 www.cyp.com.cn
编辑部地址
北京市海淀区中关村南大街17号
韦伯时代中心C座603室
邮编 100081
电话 010-88578153 88578156 8857819
传真 010-88578153
网址 bookdesign.artron.net
E-mail xsw_88@126.com
定价：48.00元

中国青年出版社

00
00

CONTENTS

目录

Leipziger
Buchmesse
12.–15. März

Leipzig

书之
莱比锡

本辑《书籍设计》，祝君波、速泰熙、张志伟、雨鹰、周晨、张国樑、赵清、张樱、周祺、董伟、卢晓红、赵晓音、苗杨、王新平稿件由上海市新闻出版局约稿与编辑，本丛书编辑部致以真诚的谢意！

Book
Design
2015
16

FÜR DAS WORT UND DIE
VORSICHT BUCH!
Eine Initiative der Deutschen Buchbranche.
Börsenverein des Deutschen Buchhandels
anders fernsehen
3sat
3sat
3sat
anders fernsehen
FERNSEHEN
arte
1914–2014
COMICS & CARTOONS

Tor
Gate 3.7
EXIT
中
WELCOME

(2003-2014)
Art Exhibition
福
SHANGHAI

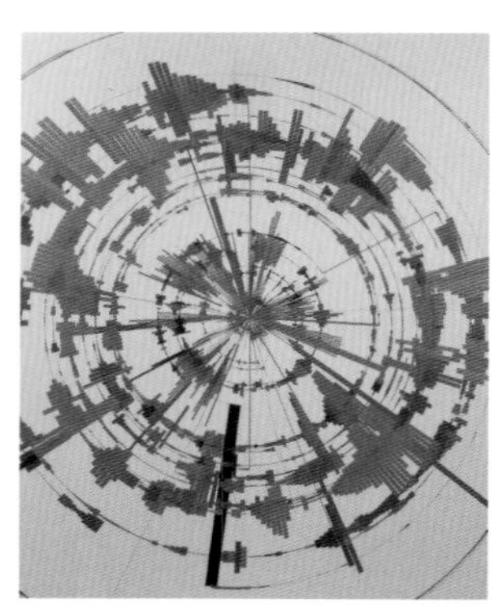

1917

Garamond
Johnston's Railway Type
Helvetica
FE-SCHRIFT

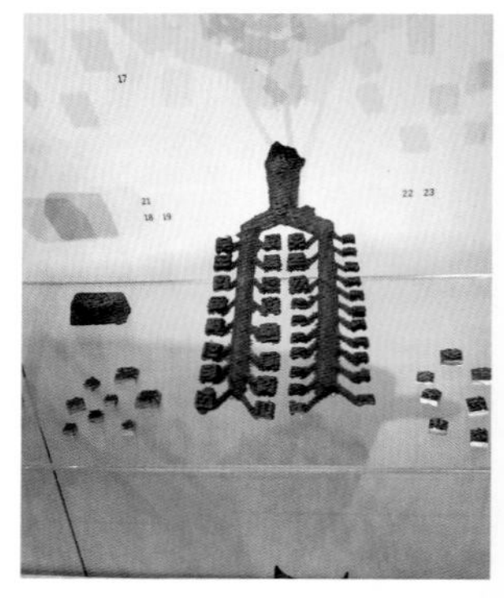

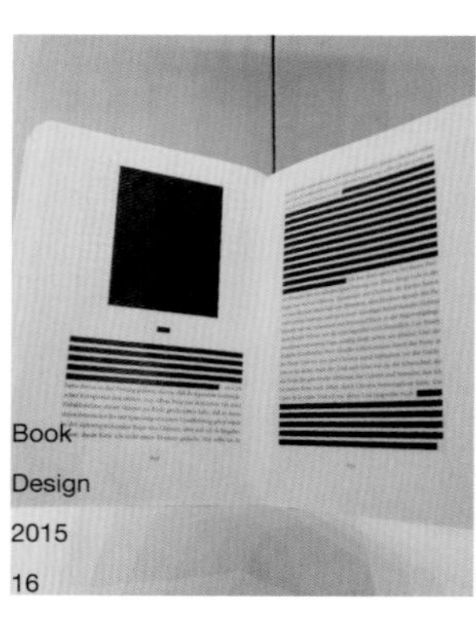

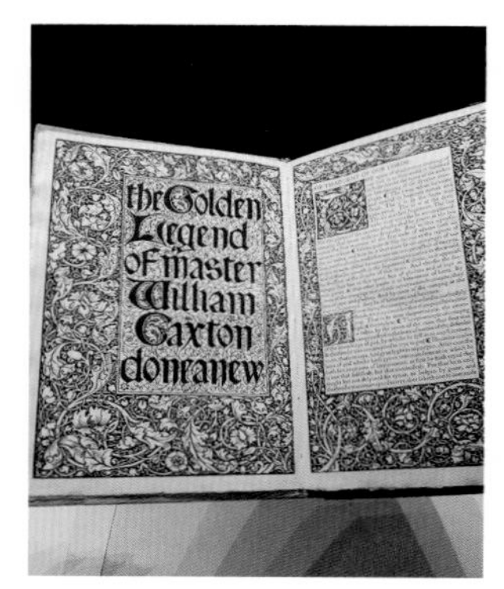
the Golden
Legend
of master
William
Caxton
donranew

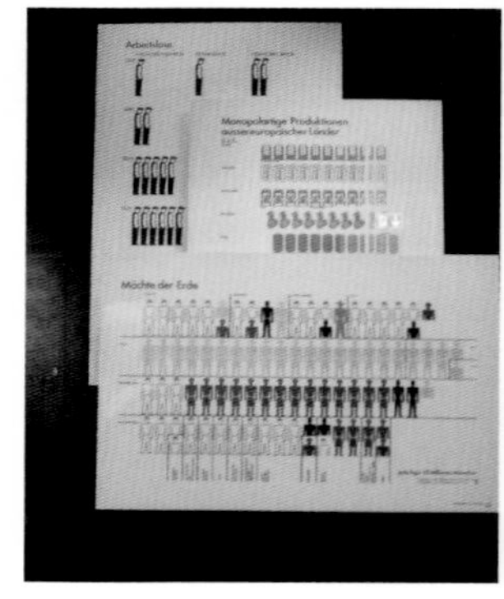

LEIPZIGER
ANTIQUARIATS
MESSE
tellung für
Bücher, Graphik und Autographen
Halle 3

Große Mal-Aktion
für alle Kinder

Typomaße
Liniale

德国
莱比锡书展
中欧
书籍设计家

交 流 纪 事

2015

Book
Design
2015
16

—

参展莱比锡

2015 年德国莱比锡书展于 3 月 12 日至 15 日在莱比锡展览中心举办。为加强中欧书籍设计交流，提升“中国最美的书”的国际影响力，上海市新闻出版局、“中国最美的书”评委会组织国内部分书籍设计师、出版人参加的中国出版设计家代表团，赴莱比锡书展参观考察，集中展示“中国最美的书”，举办并参加多项交流活动。中国出版设计家代表团成员共 37 人，上海市新闻出版局副局长祝君波带队，由来自上海、北京、江苏以及国内部分地区的书籍设计师、出版人组成。参展代表团于 3 月 9 日、10 日分两批赴莱比锡展会开展工作，至 3 月 15 日结束，顺利完成了参展莱比锡书展的各项工作。

1

2

德国莱比锡书展 (Leipziger Buchmesse) 具有悠久的历史。近代的国际书展，都起源于 19 世纪初叶举办的德国莱比锡书展。展会由德国莱比锡展览公司 (Leipziger Messe GmbH) 于每年的 3 至 4 月在德国莱比锡展览中心举办，是德语书业界在欧洲地区重要的展会活动。其中，每年一届的“世界最美的书”在展会集中展示和交流，来自中国的“中国最美的书”获奖作品也参与每年一届的展会。

2015 年莱比锡书展举办期间，上海市新闻出版局、“中国最美的书”评委会首次在展区设立中国上海馆，集中展出 250 余种“中国最美的书”获奖作品和外文版《文化中国》丛书，展示“上海四季”摄影图片以及随团出访的中国书籍设计师的优秀作品。为扩大“中国最美的书”的广泛影响，上海市新闻出版局将 12 年来“中国最美的书”获奖图书结集出版，定名《书衣人面》，在莱比锡书展期间首次发行。莱比锡书展期间，中国出版设计家代表团举行了“中国最美的书”设计艺术展开幕式，举办中华书韵艺术论坛、中欧书籍设计家沙龙等活动，集中展示“中国最美的书”，展示近年来中国出版的显著成果。中国出版设计家代表团成员参加了中欧书籍设计家论坛和“世界最美的书”颁奖仪式，与欧洲及德国书籍设计师进行了深入广泛交流。中国驻德国大使馆文化参赞陈平，德国莱比锡市副市长迈克尔 · 法柏，莱比锡市国际合作部部长郭嘉碧，汉堡市文化局代表、德国图书艺术基金会董事伍尔夫 · 卢西尔斯，德国图书艺术基金会主席卡塔琳娜 · 黑塞，德国图书艺术基金会原主席乌塔 · 史耐德以及中国著名书籍设计师吕敬人等和德国部分出版家、设计师参加了在中国上海展馆举办的多项活动。

1 莱比锡书展
中国上海馆展区
张国樑 / 摄

2 莱比锡书展
“中国最美的书”
展区
张国樑 / 摄

在3月12日举行的中国上海馆开幕式上，中国驻德国大使馆文化参赞陈平、上海市新闻出版局副局长祝君波、德国图书艺术基金会董事伍尔夫·卢西尔斯、德国图书艺术基金会主席卡塔琳娜·黑塞、汉堡市文化局代表比林克·埃尔坎分别致辞，中国出版设计家代表团向汉堡市文化局赠送《文化中国》丛书，向莱比锡平面设计及书籍艺术学院赠送“中国最美的书”。上海市新闻出版局与德国图书艺术基金会签署“‘世界最美的书’参展上海书展”合作协议。下午，中国出版设计家代表团成员参观了莱比锡平面设计及书籍艺术学院和莱比锡德国国家图书馆，现场考察了德国书籍设计艺术发展的历史和取得的成果，更深入地了解了德国出版文化的深厚积淀与内涵。

3

在中国上海馆举办的“中华书韵”艺术论坛吸引了大批德国观众。论坛举行了《书衣人面》全球首发仪式，著名设计家吕敬人以及周晨、俞颖、陈楠等分别做了交流发言，现场进行了中国书法艺术展演，众多德国观众驻足观看并给予好评。

3月13日，以“东西方的相遇——图书设计的演化”为主题，在莱比锡书展“世界最美的书”展区举行了中欧书籍设计家论坛。上海市新闻出版局副局长、“中国最美的书”评委会副主任祝君波做了《“世界最美的书”在中国》的主旨演讲。德国图书艺术基金会主席卡塔琳娜·黑塞对“中国最美的书”赴莱比锡参展给予高度评价，认为中欧之间这样高层次的学术交流很有价值，对于互相之间取长补短共同推进书籍设计的进步具有积极作用。来自北京、上海、江苏等地的知名设计师张志伟、速泰熙、陈楠、刘晓翔、赵清分别在论坛做主题演讲，与来自欧洲各国的设计家共同探讨书籍设计艺术，开展了广泛深入的交流。3月13日晚，中国设计家代表团举办中欧书籍设计家沙龙，近百位中德设计家、出版人聚集一堂，广泛深入交流，增进了解沟通，扩大了中国书籍设计作品和设计家在欧洲的影响。

在参加莱比锡书展各项活动之外，中国出版设计家代表团成员赴柏林参观考察了多思曼艺术文化书店，书店专业的经营管理、浓郁的购书氛围和德国读者的良好素养给代表团成员留下了深刻印象。

3 代表团成员紧张布展中 张国樑／摄
4 卢西尔斯先生在“中华书韵”论坛上致辞
5 黑塞女士在“中华书韵”论坛上致辞
6 比林克女士在“中华书韵”论坛上致辞
7 陈平参赞在“中华书韵”论坛上致辞
8 祝君波副局长主持“中华书韵”开幕式

4

上海四季摄影展
文化中国丛书（200种）

5

上海四季摄影展
文化中国丛书（200种）
雅昌印刷与艺术展

6

雅昌印刷与艺术展

7

上海四季摄影展

8

（2003-2014）
上海四季摄影展
文化中国丛书（200种）
雅昌印刷与艺术展
Organizer:
Coordinators:
ARTRON

9

10

11

12

13

14

9 陈楠女士
周晨先生
俞颖先生
在“中华书韵”
论坛上演讲

10 中国上海馆
开幕式嘉宾云集
张国樑 / 摄

11 吕敬人先生
在“中华书韵”
论坛上演讲
张国樑 / 摄

12 中国
设计家代表团
参观德国
国家图书馆
张天志 / 摄

13 中欧设计家
论坛合影
张国樑 / 摄

14 中欧设计家沙龙

15

16

17

18

19

二 收获

一是提升了“中国最美的书”的国际影响力。“中国最美的书”评选自 2003 年创办以来，先后有 11 批 251 种“中国最美的书”亮相莱比锡，其中 13 种图书荣获“世界最美的书”奖项。“中国最美的书”首次在德国莱比锡展示，集中展出 250 余种“中国最美的书”获奖作品。展会期间，中国上海展馆受到欧洲设计师、出版人和广大德国读者的关注，吸引了大批德国读者参观，成为展示中国优秀图书设计作品的良好平台和窗口。“中国最美的书”所产生的效应和影响逐渐显现，展会期间，德国法兰克福书展主办方等机构主动联系，希望与“中国最美的书”加强合作，在展会引入“中国最美的书”参展，这既显现了“中国最美的书”近年来在国际上的影响越来越大，也说明更多参与国外书展开展交流推广的重要性。

二是加强了中欧书籍设计家之间的交流。通过举办并参加中华书韵艺术论坛、中欧书籍设计家沙龙，参加中欧书籍设计家论坛等活动，中欧书籍设计师近距离深度交流，共同探讨书籍设计艺术，推动书籍设计艺术走向更高水平。在参与活动加深交流的过程中，中国书籍设计师更深入地领略了欧洲文化艺术发展的底蕴，全面了解了当代欧洲书籍设计艺术最新理念与成果，这对于推动中国书籍设计艺术及中国设计师创新发展、走向世界，提升中国现代书籍设计的水平，传播中华文化，产生了积极的作用。

三是取得了积极的合作成果。借助多年来“中国最美的书”的广泛影响和此次在莱比锡书展的成功展示，展会期间，德国图书艺术基金会与上海市新闻出版局、“中国最美的书”评委会达成了“世界最美的书”参展 2015 年上海书展的合作协议，这将为深化中欧书籍设计交流、提升上海书展的国际影响力发挥积极作用。经与德国汉堡文化局达成协议，莱比锡书展结束后，作为汉堡与上海市友好城市的文化交流活动，参展的“中国最美的书”获奖图书和《文化中国》丛书将于 2015 年夏季赴德国汉堡继续展示。同时，德国图书艺术基金会将提供近年“世界最美的书”在 2015 年 8 月的上海书展展出。

上海市新闻出版局

2015 年3 月12 日—15 日

15 “世界最美的书”中国展区 赵清 / 摄

16 上海设计家张国樑向莱比锡副市长赠送书法作品 房惠平 / 摄

17 中国设计家在上海馆开幕式上现场挥毫

18 代表团团员参观莱比锡书籍艺术与平面设计学院 房惠平 / 摄

19 代表团参观莱比锡书籍艺术与平面设计学院 俞颖 / 摄

LEIPZIG
13.3.2015
STIFTUNG BUCHKUNST
LEIPZIGER BUCHMESSE
AWARD CEREMONY
PREISVERLEIHUNG
CÉRÉMONIE DES PRIX
PRIJSUITREIKING
BEST BOOK DESIGN FROM ALL OVER THE WORLD
SCHÖNSTE BÜCHER AUS ALLER WELT
LES PLUS BEAUX LIVRES DU MONDE ENTIER
DE BESTVERZORGDE BOEKEN VAN DE GEHELE WERELD
嘉宾主持：
吕敬人先生　卡塔琳娜·黑塞女士
演讲嘉宾：
主旨发言：
德国图书艺术基金会主席
卡塔琳娜·黑塞女士
上海市新闻出版局副局长
祝君波先生：
“世界最美的书”在中国
主题演讲
外方
中方
德米安·伯尔尼
张志伟
图书设计的演化
B
Malich
Venezuela // Venezuela

NEW
HORIZONS
NEW NEW TESTAMENT
Vetřelci
a volavky
Aliens
and Herons

祝君波 > <Katharina Hesse

张志伟 >   <Demian Bern

速泰熙 >　<Roland Stieger

陈楠 >   <Konstanze Berner

刘晓翔 > <Dirk Fütterer

赵清 > <Tomas Mrazauskas

情系
莱比锡

祝君波

华东师范大学中文系毕业

复旦大学经济系硕士研究生结业，编审

1972 年进入上海出版界工作

历任上海书画出版社社长

上海人民美术出版社社长

朵云轩总经理

中国出版集团东方出版中心总经理

2012 年 3 月起

任上海市新闻出版局副局长（正局级）

并兼任中国期刊协会副会长

“中国最美的书”评委会副主任

上海理工大学硕士生导师

华东师范大学硕士生导师等

在 40 年的职业生涯中

曾创办中国第一家艺术品拍卖公司

亦是“中国最美的书”评选创办者之一

祝 君 波 Zhu Junbo

Z Jb

四十余年前，我在上海从事出版工作，幸运的是被分配进上海书画出版社（朵云轩）当学徒。而我们单位是从上海人民美术出版社分出来的，许多员工来自于人美社。说起出版，免不了提起 20 世纪 50 年代上海参加莱比锡书展获奖的情景，《苏加诺画册》等在莱比锡荣获设计金奖，让上海出版人引以为傲。从此，莱比锡三个字深深地留在我的记忆中。

事也凑巧，20 世纪 80 年代中期，朵云轩集木版水印能工巧匠数十人，以五年的时间精雕细刻完成了明代《十竹斋书画谱》的重梓工作，一色的木版水印，宣纸旧墨，悉仿古制，达到了乱真的境界。虽说当时国际上印刷技术突飞猛进，但以木版水印手工仿印古书，还是咱们中华独门绝活儿，所以，1989 年在莱比锡设计评奖时，引起评委的高度评价，认为所有的奖项都不足以表达对它的鼓励和敬重，所以，临时特设了国家大奖。奖杯几度辗转来到我们手中，已是民主德国和联邦德国合并之时。从此上海也与莱比锡失去了联系。因为冷战时期，东方阵营的出版人每年聚在莱比锡，西方阵营的出版人每年聚在法兰克福，叫作分庭抗礼。两德合并以后，我们送书参加莱比锡设计奖的渠道就此中断。但是作为一个出版人，莱比锡的情结还是难以忘怀。

2001 年，我调到出版局工作，在局长孙颙先生支持下，开始了重返莱比锡的道路。

这里要提到，20 世纪 50 年代我国派出一批青年人前往苏联、东欧留学，其中中国设计界的前辈余秉楠教授，曾就读于古老的莱比锡平面设计及书籍艺术学院，他也是《十竹斋书画谱》评为国家大奖那一届的国际评委。于是寻访到了余秉楠教授，他向我们推荐了一个关键的人物——时在北京歌德学院的王竞小姐。王竞是个极其负责的姑娘，她指引我们局的代表王莳俊、袁银昌先生前往德国，介绍认识了德国图书艺术基金会的乌塔主席。由此获悉两德合并以后，国际书籍设计界的最高奖项已经统一为“世界最美的书”，仍在莱比锡评比、展览和颁奖。只是这十几年，由于信息不通，中国作为一个出版大国，被遗憾地阻隔在莱比锡的门外。而重返莱比锡，既是中国出版人的心愿，也是“世界最美的书”的期盼。因为当今之时，“世界

1　　2

1　2003 年
中国在莱比锡
荣获金奖

2　2004 年
世界最美的书
设计艺术展
在刘海粟美术馆
开幕

最美的书”没有中国的参与，也是不可想象的。

筹备参评莱比锡设计奖的工作在抓紧进行。2003 年初夏，因为非典的缘故，这一年的上海图书交易会推迟到这个时点于上海光大会展中心举行。我和吴新华负责策划举办“中外书籍设计作品展”。时间很紧，我们依托上海书城、上海外文图书公司和中图上海公司，很快筹集到一批高质量的展品，成功地举办了占地 500 平方米的设计展览，并理所当然地成了那届书展的亮点和看点。就在这次展览的基础上，我们组织了首届“中国最美的书”的评奖，经过投票，《梅兰芳藏戏曲史料图画集》等 16 本书，被送往莱比锡。

历史往往是在不经意间创造的。1949 年以后，文化步入了讲级别的时代，一切冠名“中国”的评奖很难在地方产生。好在那时倡导“发展是硬道理”，我们和德国人都没有框框。乌塔主席热情地接受了上海代表中国送书参评，从此，这成了一做12 年的惯例，上海代表中国评书、送书。

2004 年，是中国出版界值得纪念的日子。河北设计家张志伟、蠹鱼阁、高绍红设计的《梅兰芳藏戏曲史料图画集》一举荣获“世界最美的书”金奖，实现了零的突破。要知道，世界上每年新出的图书数百万种，而德国人的“吝惜”在于“世界最美的书”每年只设十四个奖。真是惜墨如金，一奖难求。不要说金奖，就是十四分之一的鼓励奖，也是一个设计师一生梦寐以求的荣耀3 月，我率领我国第一个设计家代表团访问莱比锡，捧回了金奖。一时，这一消息在海内外设计界传开了。这年秋天，我们邀请“世界最美的书”来到上海刘海粟美术馆展览。这是上海与莱比锡、中国与德国设计界一次非常重要的交流。乌塔主席雷娜特女士、王竞小姐专程到上海出席开幕式，做了重要的演讲。德国同行看到了中国设计师作品所具有的东方神韵，看到了中国人的热忱、好学，看到了东方的希望。吕敬人、陶雪华、张志伟、袁银昌等中国设计家以及一万八千余专业人士与爱好者前来观展，大家了解到在这十几年交往隔绝中国际书籍设计界发生了变化，产生了新的审美理念、新的设计技法，这是

3 5

4

3 2005 年
评委会上

4 2006 年
上海代表团
在莱比锡
代表中国领奖

5 2007 年
评委们
在颁奖仪式上

中国融入世界设计大家庭必须把握的。

至此我们才知道，20 世纪 50 年代我国设计界学习苏联的经验，把书籍评奖分为封面奖、内文设计奖和插图奖，这种把设计割裂开来的审美方法已经过时。“世界最美的书”已在倡导美的综合性和统一性。强调书籍设计是整体，封面、内文和插图必须皆美，和谐统一，才能称之为最美的书；设计形式要服从于书籍内容的表达，该豪华的要豪华，该简朴则简朴。设计美与新材料、新工艺的发展相统一，以反映书籍设计的时代性。设计要营造一本书的氛围。设计是视觉、触觉，也是音乐。欣赏一本书时，尽可能使读者感觉到赏心悦目，手感舒适，而且在翻阅时产生节奏美和韵律。这次展览的同时，还在刘海粟美术馆举办了国际设计艺术论坛，乌塔、雷娜特等国际设计大师做了精彩演讲，回答了什么是最美的书、如何呈现美，介绍了国际的经验和技法。正是在这一次，我明白了“世界最美的书”除了满足大众阅读以外，还要突出创新，具有前卫性和独创性，展示设计师的多元风采。尽管书籍设计与其他行业设计相比，局限性是那么大。

2004 年春天我们去莱比锡，秋天莱比锡来上海，这一来一去的相识，彼此建立起了信任。这一年秋天“中国最美的书”评比，也就发生了一件重大的改变，“中国最美的书”的评比，以中国评委为主，也吸纳国际评委参与，评奖更多了一些交流，这是东方神韵和国际视野的交融。从此，除中国的余秉楠、吕敬人、陶雪华、袁银昌、王行恭、廖洁莲、韩秉华、张国伟、速泰熙、朱赢椿以外，先后还有乌塔、雷娜特、杉浦康平、郑丙圭、舍莱斯、韦斯特伍德、布洛克等国际评委加盟。每一次评奖，都是相互碰撞和交流，争议之后，是对彼此文化、理念的尊重。可以说，就是在这样的过程中，西方人更了解了中国最美的书，中国人更了解了世界最美的书。

国际评委参与工作，对评选方式的改进是很重要的。比如早先的评比，中国评委也有书可以入评，后来限定为每人一届不超出两本，最后在大家感到这个评奖已经成熟，中国年轻一代设计师已经成长起来之后，实现了评委本人的书不再参评的严格制度。又比如有一次投票结束以后，雷娜特认真地提出有一本更好的书未入围。争论的结束，她理解了投票制度的严肃性，评奖程序已经结束，再好的书也不能放入。但我们也同意，从下一届起，最后一轮投票时有一个讨论制度，每个评委都可以推荐一两本好书，讲出道理，提醒其他评委关注。后来实行了这一制度，遗憾就更少发生。就这样，“中国最美的书”越评越合理，越评越公正。确实，各类评奖不少，有时难免“功夫”在书外，玩起某些潜规则，而“中国最美的书”一贯坚持它公正性、公开性原则，在业界具有很高的权威性。这正是大家共同努力呵护的结果。

走向莱比锡的这 12 年，我国设计师有了新的动力，通过“中国最美的书”这座桥，去竞争“世界最美的书”奖牌，同时又通过莱比锡这个窗口，感受全球设计界的最新变化，获得新的收获。如今，中国已成为世界出版业的大国，每年二十多万种新书源源不断地出版，我们的书籍设计相比于 20 世纪 80 年代，确实变美了，变好了，这一切既要归功于经济的发展、人民文化程度的提升，也应归功于一代又一代设计家的努力。在这里，我想特别提到吕敬人先生，他是一位天才的设计家，这不仅体现在他是“中国最美的书”获奖最多的一位，还在于他是设计界年轻人的一位导师，他像一位不倦的布道者，倾其所有传递美的理念，不时引领中国当代设计的方向。近年，他倡导的“新造书运动”，在海内外产生了积极的影响。自己每次与他交流，总有一些新的收获，这也是中国设计界的共同收获，知其然，并且知其所以然，对于不可言传的书籍设计艺术，这是多么需要。

这 12 年，也是我国政府倡导文化走出去的时期。在这方面，我们不缺口号，也不缺金钱，但坦诚地说，文化走出去且真正走到西方人的生活里，达到传递信息、被他们认可的境界，其实是一种极不容易的事。“中国最美的书”是一个难得的成功案例。不靠金钱的堆砌，而靠我国出版家、设计家的长期积累；没有语言的障碍，大家用的是设计语汇交流沟通。这里没有刻意“打造”，而是一种自然流露；无法设定目标，只靠滴水穿石的精神和潜移默化的感染，上海与莱比锡、中国与世界竟然有这么密切的沟通。这在当年创设这一奖项时，是不可设想的。

不仅我们的艺术年复一年地走出去，而且西方人的艺术也很自然地走进来。每年“中国最美的书”新闻发布会，都有精彩的论坛，还由评委点评最美的书。2013 年秋天，是“中国最美的书”创始十周年，在上海图书馆举办了盛大的中外设计师展览，共展出 54 位设计家的作品和历年中国最美的书，同时举办了两天的国际论坛，各国精英登台演讲，发表自己的真知灼见点点滴滴，闪耀着智慧的光芒和生命的力量。许多海外设计师对我说：“这是他们参加过的最好的设计展和最好的论坛。”德国出版家激动地告诉我：“‘世界最美的书’在中国有这么多的粉丝，说明东方，尤其是中国，充满了希望。”确实，涉及内容的出版，是一个很难深度交流的领域，我们不得不感叹，谷登堡故乡的出版人创造了“世界最美的书”的评比，让我们来自不同国度、不同民族的出版人，通过“美”这个切入点，找到了交流的平台，找到了共同语言。

当然，共同是相对的，对美的认识有很多不同，这是绝对的。我们书籍设计的园地，不能只有一种花、几种花，我们需要百花争艳的风景，每个设计师都有他存在的价值，这就是和而不同，是差异，是个性。在我们体制下生活的人，太喜欢也太擅长归纳和概括，而这种思维方式，在文化方面、在艺术方面，往往是有害的。设计不需要太多的统一性，设计最需要合理的个性合理，包括具有实用性、个性，包括充满了想象力、前卫性和探索性。2014 年“中国最美的书”揭晓以后，有人发表文章批评“中国最美的书”关注大众阅读少了。作为一位组织者，我也曾陷于反思。现在我认识到，最美的书强调设计不要脱离大众阅读只是一方面，如同 T 型台上时装秀，也是时尚的，先锋的。“中国最美的书”和“世界最美的书”，代表了设计的新潮是新理念、新技法、新形式、新工艺和新材料的探索空间，不能都用一般书店的书去要求它。在评奖初期，针对我国有些书籍的过度设计、过度豪华，而强调我国书籍设计不要远离读者、远离阅读，这是对的。但真理跨前一步就成了谬误。美就被大众阅读绝对化了。这正是我们简单概括的错误。难怪 2013 年秋在上海设计论坛上，当中国的一位著名作者说自己最不喜欢精装书，很喜欢软装书可以卷起来阅读时，当场有国外设计师大声地说出不同意见。毛病在于人们有时只看到事物的一个面而忽略了它的多面性，而美也是多面的、多元的。一个出版社每年有几本书在设计上做前卫性的探索，也是完全必要的、合理的

2015 年，又注定是中国最美的书发展史上的重要年份。3 月，中国设计家代表团将参加莱比锡书展，上海、北京、江苏等地四十余位设计家携带自己的作品前往莱比锡展览，同时参与中欧设计家论坛，相互交流和切磋。而在 8 月，德国图书艺术基金会将把世界最美的书带来上海，在每年一度的上海书展展出，届时将有三十余万读者观看世界最美的书。这是两地文化交流的盛事。这也是上帝的眷顾：让中国人发明了古代印刷术，我们成了活字印刷发明家毕昇的后人；而德国谷登堡发明

现代活字印刷术，海德堡印刷机源源不断地来到中华大地，传媒业日新月异地发展。从毕昇到谷登堡，又从莱比锡到上海，这种交流是如此紧密、互补和必要，这真是一种巧合，也是中德设计师的幸运！

5在 2015 年这个时点，网络出版已日益显出它的威力，而传统图书也日益受到其威胁。传统书的减少是一种趋势。但传统书的实体感终将顽强地展现其生命力，而设计是这种生命力的最佳体现。2004 年，在莱比锡设计家萨宾娜小姐家中，我看刂过她设计的手工书——专门供人们欣赏和收藏的限量版的收藏书，我就知道，书籍设计还有无限的空间。网络图书只会促使我们把传统书设计得更好，同时，网络图书也会转向需要美丽的设计。科技使一切变得不可预料，但是人类需要美。

0 世纪 70 年代，我在朵云轩学徒时仿佛回到了隋唐时代，每天拿着古老的拳刀，在桃木板上刻制雕版书，每天刻一二十个字，十几个人，几年才刻成一本雕版线装书。记得 1975 年我亲手刻的那本一函四册的宣纸本《稼轩长短句》完工了，定价人民币 28 元。当时人穷，这简直是个天价，限量 300 本都卖不出去。如今这本书在拍卖行被标到五六万元一本。金钱易得，一书难求。时过境迁，换了人间，而开篇提到的 1985 年版的《十竹斋书画谱》，已卖到人民币二三十万元一部。书籍设计也会有这样的结局——少，但更精致。这也从一个方面为我国书籍设计展示着光明灿烂的未来。

由此相信，走向莱比锡的路永远是通畅的！

015 年 1 月 20 日于上海高安轩

6

9

7

10

8

6　2008 年
“中国最美的书”
讲座现场

7　2009 年
“中国最美的书”
在国家大剧院
展出

8　2011 年
评选结果产生的
瞬间

9　2012 年
评委们
在交流意见

10　雷娜特女士
获赠评委聘书

莱比锡人物小记

祝 君 波 Zhu Junbo

Z Jb

Book
Design
2015
16

莱比锡书展归来，我们于 5 月 6 日下午在上海举办了“他山之石——参展莱比锡最美的书汇报会”，张国樑先生播放了他拍摄和剪辑的电视片，赵清先生、陈楠女士和张国樑先生回顾了参展情况，做了精彩的演讲。看到画面，我又想起莱比锡见到的友人。

1 祝君波局长与乌塔女士在《书衣人面》首发式上合影

2 黑塞主席宣布“中欧书籍设计师论坛”开幕

乌塔女士

还是前年秋天在上海举办“中国最美的书”十周年庆典时见到乌塔女士，相隔一年多在莱比锡重逢格外亲切。这次在莱比锡逗留三天，但乌塔女士前来参加我们的活动却有四次。一次是 3 月 11 日下午 3 点在我们展位见面，我代表中方对她 2013 年帮助我们成功举办上海国际设计邀请展表示感谢。那次展览，外国参展设计师共有 35 人，大都由乌塔女士帮我们一一邀请来。没有她帮助，简直不可能。这次交谈中，乌塔女士对中国前来展出表示欢迎，同时对中国设计的进步表示肯定。二是次日上午的开幕式，乌塔女士也早早来到会场，并为中国首发的《书衣人面》一书揭幕，与陈楠合影留念，看得出她对中方极为友好。三是中欧设计师论坛，她虽然没有演讲任务，但也到现场听会，作为设计界的权威，令人感动。当天晚上，我们在巴伐利亚火车站餐厅举办沙龙，她又一次光临，与中方设计师亲切交谈，表示出热情和友善，令人十分感动！

德国的制度像铁一样，乌塔女士卸任主席之后，与普通设计师一样生活，我去看了她和萨宾娜小姐在莱比锡书展租的小展位，始知她也在设计界打拼。尽管书展期间工作很忙，她还是很关心中国的活动。回想她主政德国图书艺术基金会的十年，中国设计一步一步地走向国际，这与乌塔主席多次来上海演讲，指导中国设计师的工作密切相关，真是功不可没！一句话，乌塔是中国设计界应该记住的人物。

卡塔琳娜·黑塞主席

早就知道德国图书艺术基金会换了新主席，很希望借此机会建立联系，以共同推进中德出版艺术交流。11 日上午，在“世界最美的书”展厅有幸见面，黑塞主席给我们的印象是年轻、开朗、精明、能干。正式的会谈定在中国上海馆。双方互致感谢以后，重点谈了几个问题：一是中欧设计家论坛如何安排。尽管事先通过王竞小姐已有沟通，我们双方还是细致地沟通和确认，直到落实为止。黑塞女士对中方很尊重，坚持说中方是远道而来的客人，由客人先演讲，欧洲设计家后讲。二是着重讨论了 2015 年 8 月上海书展期间“世界最美的书”前来展出事宜。原来的意向是借两年的“世界最美的书”给中国，当我们提出两年得奖书 28 种太少，希望增加时，黑塞主席也一口答应，说有些年份的书她们手中不全，如中方不介意的话，可以多借一些给我们，同时，也同意把“德国最美的书”借给中方一并展出。我们听后很满意，并且欢迎黑塞女士届时前来中国。

这次书展期间，黑塞主席工作很忙，但她还是出席我们中国上海馆的开幕式和我们举办的沙龙。尤其是这次安排在“世界最美的书”展厅举办中欧设计家论坛，是历来没有的创举。单独为中国设立专场论坛，中方连我共有六人登台演讲，表明对中国极为重视，对中国极为友好！在一个世界级的舞台，如此突出中国，也是极为难得的。我的内心很激动。

卢西尔斯先生

3

3 卢西尔斯与乌塔为《书衣人面》首发式揭幕

沃尔夫·卢西尔斯先生是德国图书艺术基金会的董事会主席，基金会的重要出资人。2013 年秋天，他首次偕夫人来上海参加我们的国际图书艺术设计展和论坛，并在开幕式上发表了热情友好的讲话。那次上海之行，他和我们局的领导建立了友谊，达成了共识，共同促进中德合作，在 13 亿人的大国，加大传播现代设计理念的力度，促进书籍设计的进步。卢西尔斯先生住在慕尼黑附近的一个城市，这次他专程从那里赶来参加我们中国上海馆的开幕式，发表了热情的讲话。会后，他和我共进午餐。在亲切的交谈中始知，他也是一位出版人，传承家族的出版事业已有近五十年，出版资格比我还老，如今他还一直经营着自己的出版社和杂志。他告诉我，在互联网时代，出版面临转型，但德国还有机会。问及是否有教材，回答说以前有一块，但有大集团出了好价钱，就卖掉了。又说幸亏当时卖掉，现在已不值这个价钱。可见西方出版人观念很开放，不一定要固守传统的业务领域。卢西尔斯先生对中国也很友好，不断地回忆与妻子在上海度过的美好时光。交谈中发现，他对中国的出版也蛮了解，认为中国人口多，经济发展这么快，文化总是需要的。我向他提出 2015 年“世界最美的书”在上海展出，希望多借些书，也希望他派人出席开幕式，沃尔夫先生很理解很支持，并说应该去人，增加人与人的交流很有必要。

回到上海不久，我收到卢西尔斯先生寄来的信函和一本设计专用的图书，信是英文的，对我们在莱比锡的展览大加赞赏，热烈友好之情溢于纸上，令我感受到信的背后，蕴藏的毕竟是文化，是人与人的沟通。

陈平参赞

展前一个月，王竞告诉我中国驻德国大使馆陈平参赞将出席我们的开幕式，这令我们高兴。上海这次组团参展莱比锡书展还是第一次，使馆的领导亲临现场是好事。但我出发前，收到王竞的邮件，说陈平先生突然患了严重的感冒，是否能成行很不确定。收到这样的邮件，我就不抱希望了。到了莱比锡，也不再问起此事，免得王竞为难。

但 12 日上午开幕式时，陈平参赞照例出席。他前一天夜里从柏林专程赶来，这令我十分感动。看得出，他确实病了，裹着厚围巾，讲话声音也有病腔。由于王竞事先的介绍，陈平在开幕式上对“中国最美的书”以及与德国 12 年的合作非常重视，给予了高度评价，认为这是中德文化交流中一件很有深度、很有意义的事。开幕式结束，他又仔细看了展品，并与中国设计师一一握手。

在工作午餐上，陈平参赞告诉我，德国是一个特别重视出版和读书的国家，民众的阅读热情也非常高。所以，我们从“中国最美的书”这一艺术设计的角度去合作、交流，而且坚持了这么久，是一个金点子，希望长期坚持，越办越好。他认为展览办出如此效果，也是不容易的。说话间，他也很感慨：身在柏林，以前对“中国最美的书”了解不多，这次眼见为实，你们居然做了这么一件了不起的事，说明中国在文化“走出去”方面已做了很多工作，应该发掘、整理、提升。他认为“中国最美的书”以后可以纳入国与国之间的文化交流项目。

4 祝君波局长向陈平参赞介绍参展图书

5 祝君波局长与陈平参赞、莱比锡副市长、郭嘉碧女士合影

4

5

郭嘉碧女士

郭嘉碧是她的中文名字，现任莱比锡政府国际部主任，有点类似中国的外办主任。她说一口蛮地道的中国话。她是在北京学的汉语，还曾经在北京工作多年。显然，她对中国这个四十余人的出版设计家代表团参访莱比锡书展十分欣喜。碰到我们中国人，也很热情地介绍莱比锡的情况，并回忆在中国度过的美好时光。郭女士说，回莱比锡以后说中文的机会少了，汉语说得不够流利了。

令我感动的是，我们 12 日上午中国上海馆的开幕式和书展中一个犹太话题活动有冲突，王竞预先告诉我德国人对犹太人的活动一贯很重视，可能会去不少人。但郭女士对我们的活动很重视，那边活动一结束，就把副市长 Michael Farber 先生拉到我们馆。令人想不到的是，副市长先生也是位出版家，对出版是内行。我和陈平参赞陪他参观、为他讲解，他

对我们的展览评价很高，也希望我们经常来莱比锡。当时设计家张国樑先生正在现场泼墨挥毫，也就当即为他写了一个红纸黑字的“福”字，Michael Farber 先生显然很喜欢，并高兴地与中国设计代表团全体成员合影留念。

晚上，郭嘉碧女士来参加我们的沙龙，发表了热情洋溢的致辞，从头到尾，她都用汉语，成为那天晚会的高潮。记得她在讲话中回忆了在中国的美好时光，对我们的展览成功举办表示祝贺，一直陪我们到晚上十点多钟，还意犹未尽。

比林克女士

6

比林克·埃尔坎女士来自汉堡文化局，是我在莱比锡认识的新朋友。她专程从汉堡赶来参加我们上海馆的开幕式，并与我们签订了合同，把“中国最美的书”和“上海四季”图片展搬到汉堡续展。德国人做事以认真出名，比林克女士还带来了汉堡市图书馆的两位专家，在现场认真地挑书，最终选了九十多种“中国最美的书”和五十余幅上海的图片，准备 2015 年 7 月在汉堡展出。比林克说，汉堡与上海是友好城市，文化交流是重要的内容，“最美的书”和上海风光图片很有代表性，相信汉堡市民会喜欢。汉堡有个“三年印象”的大展，会展出上海图片，而“最美的书”作为艺术作品，则会放在一个艺廊。可见考虑很周全。

王竞女士

我已在多个场合介绍了王竞，她是 2003 年最早帮我们引见“世界最美的书”的人，她以对中德双方的深刻了解发挥了桥梁作用，为“中国最美的书”建立了走向国际的渠道，功不可没。这次莱比锡的展览，整整一年的筹备，王竞为之大费心思，化解了很多难题。比如场地、布展、论坛、沙龙，每一个活动的安排甚至细节的落实，都由她帮助，使我们这次活动极为出彩和成功。为了这次出访，她与中方无数次沟通，又与德方无数次沟通，达成了一致。别的不说，中欧设计家沙龙活动请了外方五十余人，都是她帮我们一一落实。事非经过不知难！

更使她为难的是，我们要求既要办好事，又要勤俭办会，王竞也总是给予理解，为我们省钱，把好事办好。3 月 11 日，我们发现展品未到现场，门券未落实，王竞一次次与会展方协调，和我们一起忙到晚上九点多，才完成了布展工作。她在莱比锡整整帮助我们三天，令我十分感动！

走过十余年历程的“中国最美的书”，正是得到了很多

7

人的关心才枝繁叶茂，而王竞无疑是两国出版界之间最重要的一个帮手。别的不说，我们认识“世界最美的书”的评选机构，认识乌塔、雷娜特、萨宾娜、黑塞这些重要的人物，都是由她介绍的。这对我们是一种巨大的鼓舞。

尾声

我怀着感恩的心情，记下这些人物的点滴。人的一生机会并不多，但让我撞上了“中国最美的书”，也算是一个大运，伴随着美书的是许多美好的回忆。这次在莱比锡逗留仅三天，却留下了无数值得回味的记忆，是享之不尽的人生幸福！那几天，我们住在莱比锡郊外的酒店 Tryp by Wyndham Leipzig North，店虽小，但因中国设计家云集而充满了欢笑。大家每天出发的工作和活动不同，但早上在餐厅的难得聚会，设计界真像大家庭一般，我们如沐春风，吕敬人、速泰熙、张志伟、刘晓翔、陈楠、周晨、赵清……与更年轻的设计师在一起，无拘无束地交流，是一道风景，也是一股力量。我们来自五湖四海，为了共同的寻美目标，走到一起来了。回想起来，真的有意义！

祝君波局长与比林克合影

祝君波局长在王竞女士陪同下与外方交流

13 日下午，有两位德国人来找我，正儿八经地坐下来谈事情，一问才知道，她们是法兰克福书展的销售主管 Beatrice Stauffer 和 Vladka Kupska。她们说：“我们仔细地看了你们的展位、你们的布展和图书，这是我们在法兰克福书展上从未看到过的。你们是最好的中国展位，为什么不到法兰克福而到莱比锡呢？”显然，她们要动员我们参加法兰克福书展。也许为了生意总要说你一点好话，但我感到她们是真诚的。因为我去过两届法兰克福书展，因为我知道我们这次参展的是中国出版的精华，12 年的“中国最美的书”和孙颙同志创始、出版了十余年的《文化中国》外文版系列丛书。我有这种自信。成功的展出，不只是金钱的投入和特装的效果，而是图书的品质和人与人专业层次的交流。我们去莱比锡“朝圣”，取回的就是这样的“真经”。凭借坚定的理想信念、正确的方法和专业的高度，我们可以与莱比锡对话，与世界对话。

2015 年 5 月 12 日于高安轩

东西交流，传播东方精神

——有感 2015 莱比锡中欧书籍设计家论坛

吕 敬 人 Lv Jingren

吕敬人
书籍设计家、插图画家
清华大学美术学院 教授
国际平面设计师联盟（AGI）成员
中国美术家协会平面设计艺委会副主任
中国出版协会
书籍装帧艺术工作委员会副主任
中国艺术研究院设计研究院 研究员
敬人设计工作室艺术总监
《书籍设计》丛书主编
作品曾获得包括莱比锡
“世界最美的书”
在内的国内外多项大奖
2012 年在德国克林斯波
书籍艺术博物馆举办
“吕敬人书籍设计艺术展”
2014 年担任 德国莱比锡
“世界最美的书”评委
编著出版《书艺问道》
《吕敬人书籍设计教程》
《书籍设计基础》
策划主持多项国际、国内大赛
及展览、论坛，并担任评委
在欧亚多国及地区进行设计教学

L Jr

2015 年 3 月，德国凉爽的初春，迎来莱比锡国际书展首次举办的中欧书籍设计家论坛。2014 年 2 月初，我有幸受邀代表中国担任 2014 年“世界最美的书”国际评委，这是经历了 1990 年民主德国和联邦德国合并，原民主德国主办的莱比锡国际书籍艺术奖与原联邦德国主持的法兰克福“世界最美的书”奖合二为一之后，中国大陆的设计师第一次受邀担任莱比锡“世界最美的书”赛事的评委 。改革开放后，中国的书籍设计艺术发生了巨大的变化，尤其是设计者们由“装帧”向“书籍设计”观念的范式转移，给中国的书籍从形态到内容、从艺术到工学都带来了全新的面貌，使中国书籍设计开拓的编辑设计思路在国际出版领域中得到了较好的评价，设计已不局限于装帧和印制层面，这一进步在世界出版设计专业领域得到认可，并获得了话语权。我想这是组委会邀请我代表中国来担任评委的重要原因，作为中国书籍设计师的我甚感荣幸。

自 2004 年上海新闻出版局组织“中国最美的书”参加这一国际赛事以来，十年间已有 13 本中国大陆的书籍设计作品获得“世界最美的书”称号，其中包括一金、一银、两铜和九个荣誉奖。中国设计为国争光，中国设计师在这一领域赢得世界的尊重和信任。本次设计家论坛进行了东西方不同书籍文化认识和设计概念的交流，中欧设计师站在同一个平台，陈述观点，促进沟通，有利于文化碰撞，相信双方都得到了艺术观念的换位与互补，这是上海市新闻出版局、“中国最美的书”组委会和德国图书艺术基金会、莱比锡“世界最美的书”评委会经过多年互信、互动，获得的共赢的结果。

莱比锡是座富有魅力的文化都市，有着悠久的书卷历史。莱比锡国家图书馆是德国人引以为豪的人文遗产。这次活动我们参观了图书馆新开设的书籍印刷艺术历史博物馆，崭新的陈列方式和数字化的先进表达，清晰生动地展示了大量国宝级的史料文献。这些弥足珍贵的藏品足以让我们惊羡，一种神秘的冲击感难以忘怀 。同样，莱比锡平面设计及书籍艺术学院古老经典的建筑风格，他们坚持欧洲传统书籍艺术教学的主旨，以及传统与现代手段相结合的教学方法，都给大家留下深刻的印象。

1

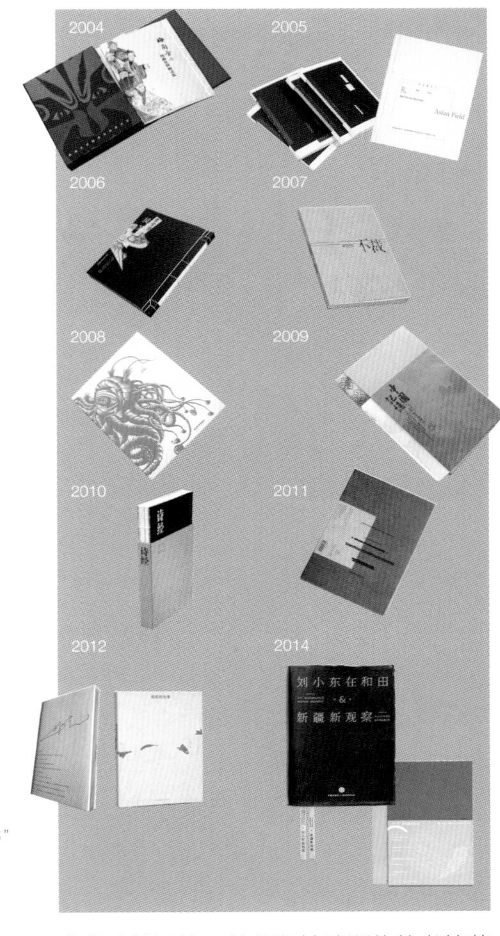

1 十年 13 本
“世界最美的书”
2004
梅兰芳藏戏曲
史料图画集
2005
朱叶青文集
土地
2006
曹雪芹风筝艺术
2007
不裁
2008
之后
2009
中国记忆——
五千年文明瑰宝
2010
诗经
2011
漫游——建筑
体验与文学想象
2012
剪纸的故事
文爱艺诗集
2014
刘小东在和田 &
新疆新观察
2010-2012
中国最美的书

法国文豪雨果曾说：“人类就有两种书籍，两种记事簿，即泥水工程和印刷术，一种是石头的圣经，一种是纸的圣经。”书籍与建筑有着密切的渊源关系。从洪荒时代到 15 世纪，西方建筑艺术一直被视为人类的大型书籍。建筑艺术开始于象形 符号的石头堆集，把传说写成符号刻在石碑上，这是人们最早开始做的“书”。要

2

记载的符号越来越多，愈来愈繁杂，埋在土里的石碑已容不下这些传说，于是通过建筑展示出来，从此建筑艺术同人类的思想一同发展起来。最好的建筑也成了一本最好的书，传递后世。而 15 世纪西方印刷术的发明改变了人类思想的表现方式，石头文字被谷登堡的铅字所替代，思想文化比任何时候都更容易传播。印刷品铸就了直至 21 世纪的伟大的精神建筑，也成就了今天欧洲优秀的书籍设计艺术。

中国的书籍艺术同样有着悠久的历史，被视为世界文化瑰宝的造纸术和活字印刷，影响了世界文明的进程。有着数千年漫长历史的中华古籍经历过不同的书籍制度的变迁，并不断衍生出新的书籍形态。公元 8 世纪唐雕版《陀罗尼经》开启了世界印刷术的第一步，11 世纪北宋《梦溪笔谈》记载的木活字版首开活字印刷之先，17 世纪后的图文雕版、肉笔彩绘、金属印刻各显其能。中国古籍文本已形成多元的章法格局，从无数实例中可以看到，从概念到实施，从形态到细节，都不逊色于西方字体设计，编排范式，视觉化图表设计，也有可与西方黄金比相媲美的中国网格计算和信息传播逻辑法则。若有心体味古人创造的传统书卷艺术方法论和创想理念，你会发现它离我们近在咫尺。今天看来，当下自我封闭的固态化装帧模式还不如古人的书卷设计富有智慧和想象力。跨越东方与西方字里行间的时空隧道，我庆幸东西方的古人为今天的书籍设计师提供了如此宝贵的书卷艺术财富和创作灵感。

20 世纪初由辛亥革命开启的中国新文化运动，使书籍制度[1]东渐西进，如文本的竖排格式改为横排左翻阅读范式，装帧工艺由手工线装逐渐跨入书籍装订的现代工业化进程。50 年代设计概念也以西学为主（前苏联和东欧），形成东西融合的书籍艺术格局。中国的印刷术历经大半个世纪的铅字排版，80 年代转换为照相植字，90 年代的平版胶印成为中国印刷技术的主流。 1985 年被誉为当代毕昇的王选教授[2]，成功研发的北大方正中文字体应用计算机处理系统（汉字激光照排系统），打破中文字体造字架构不能数码化的神话，报刊书籍印制领域得以最快速地衔接了世界数码印刷技术，实现了时代的

2 2014“世界最美的书”暨中欧书籍设计师论坛会场

3 鹦鹉螺 / 斐波纳契黄金比对数螺旋在中国古籍中的体现

4 永乐大典版心分割比 0.626 黄金比 0.618

5 永乐大典的版面网格分析

6 中国文字载体的传承

7 中西古籍文本版式对照

8 中西古籍彩色套印对照

9 中西古籍插图对照

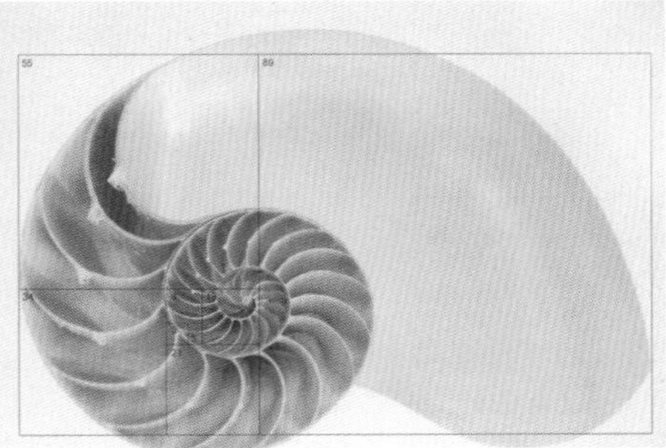

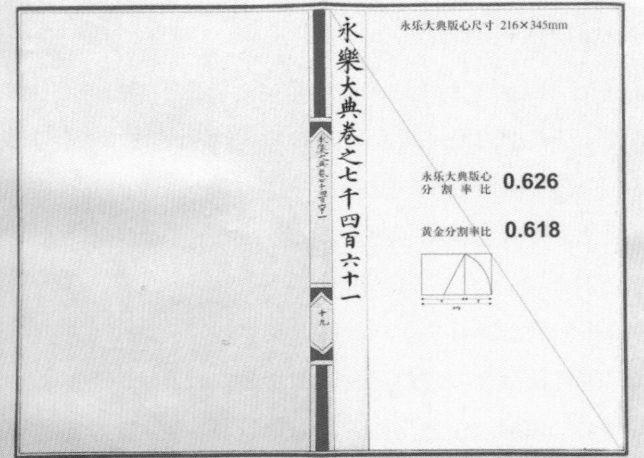

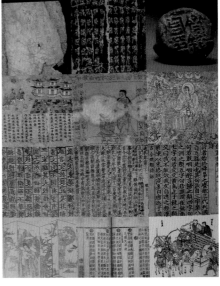

永乐大典版心尺寸 216×345mm
分割率比 0.626
黄金分割率比 0.618

文本排列按8段、16行、每行28字，以4的倍率递进

文字群以5毫米为一个单位的网格进行排列

永樂大典卷之八千四百十四

3　6

4　7

5　8

9

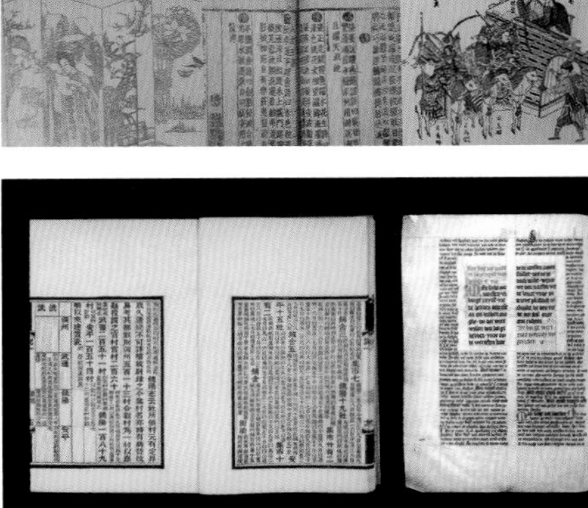

10 

11 

跨越，真可称之为上世纪中国印刷术最伟大的一场革命。改革开放的三十余年，中国印刷水平好像瞬间进入世界一流的梯队，令该领域一向独具优势的西方刮目相看。虽然印刷技术突飞猛进，但书籍艺术的进步并不轻松，部分出版商把装帧当作书的销售竞争手段，只把功夫着力于书的外在打扮；为节省成本不惜将抄袭、山寨、

12 

跟风当时尚；把简单
混同于简约，把烦琐
充数于盈满；照搬西
方模式，当作唯一评
判标准，忽略东方的
森罗万象语境和多主
语的丰富表现力……
中国古代美学的“夫
唯前者启之，而后者承之而益之；前者创之，而后者因之而广
大之”（摘自《原诗》），让我们明白先人在不断打破旧的程式
再建新程式的阴阳转换、周而复始的艺术创作规律，启迪我们
珍重具有个性创想的多义性和多元性，不轻易扼杀或使其趋向
边缘化，并得到应有的鼓励和价值体现。

上海市新闻出版局主办的“中国最美的书”的赛事，开启了一个广泛的国际化交流的平台，使更多的设计师以开放的心态和学习的诚意对东方与西方、传承与创新、民族化与国际化、传统工艺与现代科技有了新的认识。他们打破装帧的局限性，投入大量精力和心力，强化内外兼具的编辑设计用心，为创造阅读之美进行了有益的探索。中国众多有为的出版人和设计师相互合作，怀抱理想，绝不懈怠，因此才有了中国书籍设计的斐然成绩，一批又一批设计新人的优秀作品令世界瞩目。

中国每年要设计三十余万种书，其中不失好的题材内容和优秀力作。如果这些出版物仅靠一件漂亮的外衣，而文本叙述又流于平庸，编辑设计缺乏内在力量的投入，书籍阅读形态单一又不具备做书概念、创意、专注、细节、态度与责任的专业心，这样做书，仅凭海量出版何以留住读者？好的设计应当是经历与编辑、著者、设计者、印艺者来共同探讨具有最佳阅读有效传达和五感审美的结果。用心的设计师应该从书籍的外在书衣打扮中走出来，成为文本传达的参与者，甚至是能提升文本价值的“第二作者”。书籍设计是使文本得以诗意表达的舞

合，让信息在滞留的页面空间中又拥有时间流动的含义，书籍设计不是“名词设计”而是“动词设计”。书籍设计是将信息完美传达的再创造的过程，是引导读者诗意阅读的编辑设计，构建一座引导读者逐渐进入舒适阅读意境的书籍建筑。

“概念是反映对象本质属性的思维方式”（《辞海》），设计概念出自敏感与好奇，这是设计师的重要素质。发现存在，寻找社会与个人关注的切入点，是当代书籍设计师应该拥有的意识，仅靠装饰美学的装帧手段无法传达书中内涵的时间与空间的本质。书籍设计是将平面的语言空间化、立体化、时间化、物语

13

14

15

16

17

18

10 宋 / 礼记、周易
函箱装
11 清 / 御制
三十二体篆书
十二月令
12 清 / 檀香木
嵌松石经盒
13 肖像与泥人
（经折装）
王序设计
14 黄河梦
（经折装）
吕敬人设计
15 王羲之与兰亭序
（经折装）
刘晓翔设计
16 惠山泥人
（梵夹装）
黄永松设计
17 朱熹榜书千字文
（梵夹装）
吕敬人设计
18 孔子
（梵夹装）
符晓笛设计

化、行为化、精神化的信息传达，设计要注入温度才能激起受众阅读的动力。设计是一种态度，而非一种职业。

通过本次中欧书籍设计家论坛的众家演说，有感西方设计同行的设计概念产生于一般规律却以崭新的思维和表达体现形态对象的本质，并将多元维度的思考方式驾驭文本的戏剧化呈现。莱比锡书展的艺术家展区，尤其引观者驻足良久。德国著名设计家乌塔、乌茨里克、萨宾娜的三驾马车展区，在世界著名的诸多书籍展会里，都会吸引我慕名而去。
们的设计既充分体现主题，也呈现出一本本独具个性特征的
阅读形态的纸质载体，可见他们对书籍的理解是开放的，尤
是给予文本视觉化语言表达和信息建构语法的组织能力，以
突破书籍惯性阅读模式的强烈欲望，让我印象深刻，受益匪
我认为，在书籍设计领域，我们既要向西方学习、借鉴，但
要审视西方审美标准与东方审美精神不同之处，获取东西融
的评判合理的价值标准。所以，要改变某种非黑即白、非左
右的思维模式，要增进东西方文化的交流和相互学习，减少
双方文化精神的误读和误解。

19 

20 

21 

19 上海新闻出版局主持“中国最美的书”评选
20 “中国最美的书”评选中的讨论
21 2003-2005“中国最美的书”合集
22 韩国坡州书城

我想以韩国出版人建造坡州 BOOK CITY（书城）理想国为
说明东方精神的造书文化智慧。韩国一群出版人面对延续了
个多世纪的南北剑拔弩张的局势，为了打破意识形态隔阂，
和南北紧张关系，通过同一民族的文化交往促进和平大业，
胆地在与朝鲜接壤的三八线附近一片荒无人烟的军事禁区建
了一座出版城。出版人坚信，民族和解不是靠炮弹火箭，而
靠同文同种的儒家文化基因。他们历经种种挫折，突破军方
力，求见多位历任总统，陈述“韩国出版文化整体性”的亚
精神主导意识，面呈建设坡州 BOOK CITY 的宏伟蓝图，感
了执政者，并得到政府的支持和优惠政策。书城历经 27 年
持不懈的建设，第一阶段基本完成，已拥有上百家出版社、
通中心、印刷企业。第二阶段设计教育、影视、IT 出版园已
动建设，第三阶段筹划农业与文化家园相结合的绿色计划。
们的作为赢得全世界同行的瞩目和感动，这是世界独一无
的创举。亚洲书籍设计和书籍出版的学术交流活动在 BOO
CITY 已举办了十年，他们以亚洲文化特色面向国际化的市
并在亚洲形成凝结东方出版相互交流融合的纽带，拓展 21
纪的东方文化精神。他们的经验是严守东方传统“乡约”
规——“守信、诚意、克己、共同体”，而得以存异求同，
辱与共，凝聚内在的力量——“节制、均衡、调和、人间之爱
韩国坡州 BOOK CITY 的成功，也许就是亚洲文化精神的体

巴。在中国文化中，儒家讲温、良、恭、俭、让，道家讲刚柔并济，佛家讲张弛有序，综合此三家，可归纳为“化阳刚为阴柔，内敛遒劲，纵横如一”的文化理念，两千多年来，东亚诸国和地区无不受此文化精神的影响。面对当下好大喜功、急功近利、不守诚信、一味追求短平快回报的不良行风，我们确实应该冷静下来深入思考，东方精神对于文化创新、国家软实力的持续性发展到底有着怎样深刻的意义。

积极参与“世界最美的书”这一国际赛事，举办“中华书韵——中国最美的书”主题展和中欧书籍设计师论坛，是开阔视野，吸取“他山之石”经验的机会。论坛中看到、听到许多西方的同行对东方书籍设计的青睐与赞赏，更为中国设计师能传递亚洲书卷精神深感自豪，并增添了一种汉字文化能立足于世界书籍艺术之林的自信心，同时也促使我们在以西方为主导的审美体系和他们制定的规制时多一点见解与思考。探究书籍艺术的传统与未来，不能用孤立的视点，要用敬畏与谦卑之心，了解先祖的创造的渊源，并寻找过去与今天、东方与西方的异同点，融会贯通，才能够传承中国自身书籍文化的精神。相信我们每一位中国书籍设计的参与者在今后的工作中会多一份本土文化的坚守和祈愿。

[1] 书籍制度，又称之为书籍的形制。西方经历了古罗马时代的卷子本（Roll），后又由版牍（Writingtablets）演变而来，并于公元 4 世纪开始盛行的册子本（Codex），一直延用至今。中国书籍制度，经历简策制度（公元前 11 世纪 - 公元 2 世纪、周 - 秦汉）；卷轴制度（ 公元 4 世纪 - 公元 10 世纪、六朝 - 隋唐）；册页制度（公元 10 世纪 - 公元 20 世纪初，包括经折、旋风、蝴蝶、包背到线装）。辛亥革命后中国传统书籍制度已为西方书籍形制所代替，直至今日，但尚有极为少量的书籍设计传承着古籍形制。

[2] 王选

北京大学计算机研究所所长，教授。中国科学院院士、中国工程院院士、全国政协副主席。在世界上首次使用“参数描述方法”描述笔画特性，研究成功汉字激光照排系统，开创了汉字印刷的一个崭新时代，引发了印刷出版业“告别铅与火，迈入光与电”的技术革命，被公认为毕昇发明活字印刷术后中国印刷技术的第二次革命。王选两度获中国十大科技成就奖和国家技术进步一等奖，并获 1987 年我国首次设立的印刷界个人最高荣誉奖——毕昇奖，被誉为“当代毕昇”。2006 年 2 月 13 日 11 时许在北京病逝，享年 70 岁。

Leipzig 2015.03.12

文字是情感的符号

速泰熙 Su Taixi

速泰熙
原任江苏文艺出版社美编室主任
现为南京艺术学院设计学院硕士生导师
中国美术家协会会员
中国书籍装帧艺术研究会会员
1986 年起专业从事书籍设计
在儿童读物创作和动画片造型
地铁壁画、家俱设计等领域
也有诸多创作成果

S Tx

2015 年 3 月赴德国莱比锡参加“中欧书籍设计家论坛”等一系列活动，是一个极好的学习和思考的机会。各种新锐的信息潮水般地涌来，给我很大的冲击，其中最为突出的是对文字设计的认识。如果概括成一句话，就是本文的标题——文字是情感的符号。

1　速泰熙与德国艺术家波依斯・可汗在莱比锡中欧书籍设计家论坛合影

一、可汗的邀约

3 月 12 日“中欧书籍设计家论坛”上，我做了题为“他山之石攻玉三则”的讲演。在论坛休息的时候，一位德国艺术家来找我。因为一时找不到翻译——两位翻译一直在忙——他就一直在微笑着等待。终于救星翻译到了，我才知道了他的来意。他说非常喜欢我设计的“悲愤体”，明年（2016 年）在韩国首尔准备举办一项“非拉丁文文字设计”的大型活动，问我是否有意参加这项活动。他微笑的眼神中有询问和期待的意思。

“非拉丁文文字设计”？这倒是一个新鲜的话题。我们以前通常都说“西方”“东方”，他说“拉丁文”“非拉丁文”。拉丁文，是古代罗马人所用的文字，后来一般泛指根据拉丁文字母加以补充的文字，如英文、法文、西班牙文这些西方国家的文字——都是文字设计发达、历史悠久的文字。这次在莱比锡参观德国国家图书馆，在印刷史展览中有一极大的橱窗专门展示了西方（也就是拉丁文）字体设计的辉煌历史，介绍了许多种拉丁文字体。爱德华・约翰逊为英国铁路设计的无装饰线体，简练、明确，很远就能清晰辨识，非常适合铁路的需要，具有无饰线体的主要特征。而伦纳尔 1927—1930 年设计的“未来体”系列，比爱德华・约翰逊的“铁路体”的演变类型多，对现代字体有非常重要的影响，迄今仍被广泛使用。至今，拉丁文字体已有数万种之多，的确是一个纷繁多彩的世界。

非拉丁文就是世界上其他所有国家和民族的文字，文字设计也相对欠发达（虽然也有个别相对比较发达的，比如日本）。这是一个多大的领域呀！相信这项活动对这些设计欠发达地区（包括我们中国）的文字设计会产生有力的推动。后来从这位德国艺术家的名片上得知，他是慕尼黑一家品牌设计公司的 CEO，名字叫 Boris Kochan（波依斯・可汗）。“可汗”这个名字很特别，莫非他有蒙古血统？有的话就很有“非拉丁”的意思。也许这是他热衷“非拉丁文文字设计”的一个重要理由。这些其实并不重要，重要的是“非拉丁文”的文字设计已得到了“拉丁文”国家的重视，这不能不令我们对自己的文字设计加倍重视。

二、“悲愤体”的由来

可汗先生喜欢的“悲愤体”，是我专为《塑魂鉴史——侵华日军南京大屠杀遇难同胞纪念馆扩建工程大型主题雕塑》一书设计的一款中英文字体，用于书名、环扉、献词、宣传语、篇章名，雕塑家为每件雕塑、每张工作照所配的诗，以及为这群雕塑而写的诗，全都充满激情，感人肺腑。

其实，原先的设计并没有用“悲愤体”，而是像以往一样，用电脑字库里的字体——这似乎已经成了一种惯性。这本大型画册是我设计的重点，题材重大，雕塑艺术高超，更何况我的祖父母和父母也是当年逃出南京的难民，差点被日军飞机炸弹炸死！我怎能不全力以赴、满怀悲愤与激情地设计好这本书！

从开始拍摄照片、设计画册，中间还出版了 16 开的简装画册，到最终完成这本大 8 开画册，总共历时达 7 年，动用了所能想到的合适的设计语言。比如，用坍塌一角的城墙象征被屠城的南京，但南京的精神不倒；用火烧去部分页面的一角，表现当年日军焚烧南京“大火 39 日不灭”的惨状的真实感；用黑色基调表现那种压抑与绝望；用灰色烽烟替换雕塑照片背景，把读者带入七十多年前大屠杀的惨景之中……

然而我们总觉得不够，不满足，这些还不能很充分地表达出那种悲愤与激情。百般无奈之中，我们把设计稿寄给了吕敬人先生，希望他能“借我一双慧眼”，帮我看出设计的症结。过了一段时间，接到吕敬人先生一封长达十页的手写长信，指出了原先设计中的种种不足，并提出了设计的建议。信中特别提到字体设计，建议我们从两种情绪合适的书法碑帖字体中选择，还特地附上复印件让我们参考。他又怕写信讲不清，特地利用出差的机会约我们在上海当面一页一页地点评……如此真诚倾心，令我们终生难忘！

在所有的建议中，最令我们有所触动的是“字体”。虽然最后并没有采用这两款手书书法碑帖字体，但他一下点中了设计的“眼”，令我一下子想到自己来设计字体——专门为一本书设计一款中英文字体。

20 世纪 60 年代，书名文字几乎全是设计师自己写的，我进出版社之前就做过。1986 年我刚调入出版社，就设计了两本书的书名字体 :《秘密战争中的女性》的圆头体，《离异》的书名文字是自己设计的一种竖画更粗、横画更细的老宋体，同当时的“照相植字”的大标宋体不一样。“文革”中我们刷大字标语，直接在纸上刷出带枯笔的粗壮的黑体，这是我设计“悲愤体”的基础。

我先设计出书名和献词的“悲愤体”，觉得和雕塑作者手写的书法体以及字库里的黑体气息大不一样，同这本书的基调非常吻合，有了一种感人的力量。一本书的正文字数太多，为了加快速度，就让几个研究生一齐上阵。先按照我的方法，每人先设计几个字，然后我再给每个字调整笔画间架。通过一段时间练习，她们由原来的不入门、闹笑话而渐渐入门，写得有模有样了。当然，最后还由我一个字一个字地把关、调整，直至最后完成。当整本书换上这款“悲愤体”之后，大家都觉得换了神采，非同凡响了。虽然花了非常多的劳动，吃了很多过去不必吃的苦，但是“值”！

2 用书法体设计的封面和用“悲愤体”设计的封面对照

3 “悲愤体”与方正、汉仪超粗黑体的对照

三、“悲愤体”与超粗黑

“悲愤体”在笔画的粗壮和间架结构上近似“超粗黑”，如果粗略地看，甚至可能误以为就是超粗黑，只是笔画用了“枯笔”才和“超粗黑”不同。

不错，“悲愤体”的气势、激情首先来自独特的“枯笔”笔画语言。枯笔是电脑字库中没有的笔画，来自用底纹笔手写的大字标语。这种手写的“美术字”虽然不是书法作品，但有着一些书法的“手写意味”。“悲愤体”中的笔画利用了手写书法中的滑笔、枯笔的结合，表现出了一种势、一种力，传达出设计者的悲愤激情。

“悲愤体”的间架结构的方折刚烈是其又一特点。如果把它同字库里的超粗黑相比，可以很清晰地发现，超粗黑的笔画转弯处，不论是方正公司还是汉仪公司的，皆为圆弧形，与直线笔画（横画、竖画）结合，形成了一种方圆结合、方中寓圆的大气从容、气定神闲。而“悲愤体”的笔画转弯处则绝无这种圆润光滑的笔意，纯粹是折笔，有一种宁折毋弯、绝不妥协的刚烈，进一步强化了那种悲愤和激情。

3

“悲愤体”的产生源于设计者（创造者）的悲愤与激情。通过适当的视觉语言把这种情感寓于其中，并使这种字体具有这种悲愤激情，再通过这种字体传达给读者，于是这种字体就成为“有情感的符号”。一般电脑字库中的字，特别是常用的宋体、黑体系列，也各有表情，但大都中正平和，从容安定。这很符合一般内容书籍的表现，但遇到《塑魂鉴史》这样悲愤激情充溢的内容，就显得力不能逮了。如果勉强使用，自然显得表现力不够。

在当今“视觉文化”时代，视觉符号的情感强度是否适合，已成为设计力度和层次的重要指标。因为汉字结构的特点不像拉丁文字，只要设计出 26 个字母，所有单词都可以解决，汉字设计必须把每个字都要设计出来。所以以前大都只设计书名文字，不能设计正文文字，因为工作量之巨大，让许多人望而却步。但唯其繁难，才能让情感充溢全书，才更显其情感的深挚，显其艺术特点的强烈，显其对艺术创作的虔诚。

“悲愤体”用于《塑魂鉴史》的封面、环扉、献词、宣传语、篇章名，每个雕塑、全体雕塑的配诗乃至工作照的配诗，贯穿全书，同上述火烧的封面、漫天的浓烟、残破的城墙等设计语汇一起共同表现出了一种强烈的悲愤与激情。至此，我才心中稍安。

设计师自己觉得字体设计成功，不等于得到雕塑作者的认可。尤其是书名文字，原先是请雕塑家吴为山自己写的书法体，也很有力，富有个性，现在换成“悲愤体”会不会被拒绝？没想到吴为山先生肯定地说：“很好！非常好！比我写得好！就用这个字体。”2014 年底在北京国家博物馆举办的《塑魂鉴史》大型雕塑展，是配合纪念侵华日军南京大屠杀遇难同胞首次国家公祭活动举办的，吴为山先生特别指出，背景板的标题大字一定要用“悲愤体”。

四、文字是情感的符号

“悲愤体”的设计和得到的认可，让我们更加认识到，字体在书籍设计中是一个至关重要的视觉元素。以前我们也举办过一些字体设计大赛，设计出的字体也基本只用于封面书名，内页几乎全部依照“惯性”，只从电脑字库中选字，实际上就放弃了内页文字设计。内页文字的设计理应受到关注。这和全书情感氛围的塑造、全书格调的形成关系重大。

从书籍设计的角度看，文字不仅是传达信息的实用符号，也是塑造视觉美感、表达情感的符号。

美国美学家苏珊·朗格关于艺术的定义是：“艺术是人类情感符号形式的创造。”艺术品就是人类情感的符号。经过精心设计的文字是艺术品，自然就是人类情感的符号。

宗白华先生关于中国书法的论述也说出了同样的道理：用抽象的点画表现出“物象之本”，这也就是说物象中的“文”，就是交织在一个物象里或物象和物象的相互关系里的条理：长短、大小、疏密、朝揖、应接、向背、穿插等的规律和结构。而这个被把握到的“文”，同时又反映着人对它们的情感反应。这种“因情生文，因文见情”的字就升华到艺术境界，具有艺术价值而成为美学的对象了。

宗白华先生的“因情生文，因文见情”，是指文字的造型必与心象的内涵相契合。情必须同文相配，文必须与情相合。极度悲愤的情，必须用极为悲愤的字体才能更好地诠释。如果仍然用常见的“文质彬彬、温和中正”的宋体、黑体，就显得平淡，缺乏力度和气势，情与文就不相配，反映不出相应的情感。

在视觉文化时代，如果文字仅仅是信息传达的符号，就不能适应社会的需要和读者的需求。文字也要视觉化、图形化，成为视觉元素、审美对象，表现美感和情感，成为一种情感的符号——一种有意味的形式。

作为文字本身，也应当随着时代的进步而生长、变化、新陈代谢，使文字真正成为“活的形式”——有生命的形式。杉浦康平先生说：“归根结底，设计就是化生手中之业，赋予它生机与活力。”可汗先生对“非拉丁文文字设计”的关注、支持，就是给“非拉丁文文字设计”增添了一股生命和活力，让它变成一种“活的形式”。

艺术的“生命”还有一层意思是读者的喜爱。一种设计出的字体还必须有认同它的读者，有人觉得它美，有韵味，它才有生命。要做到这一点，最重要的条件就是——文字设计必须有充沛的情感，因为“文字是情感的符号”。

2015 年 5 月 31 日

6

4

5

4 在国家博物馆展出的《塑魂鉴史》背景板文字被指定用“悲愤体”设计

5 用“悲愤体”设计的篇章页与用大标宋体设计的篇章页对照

6 《塑魂鉴史》书籍设计 速泰熙

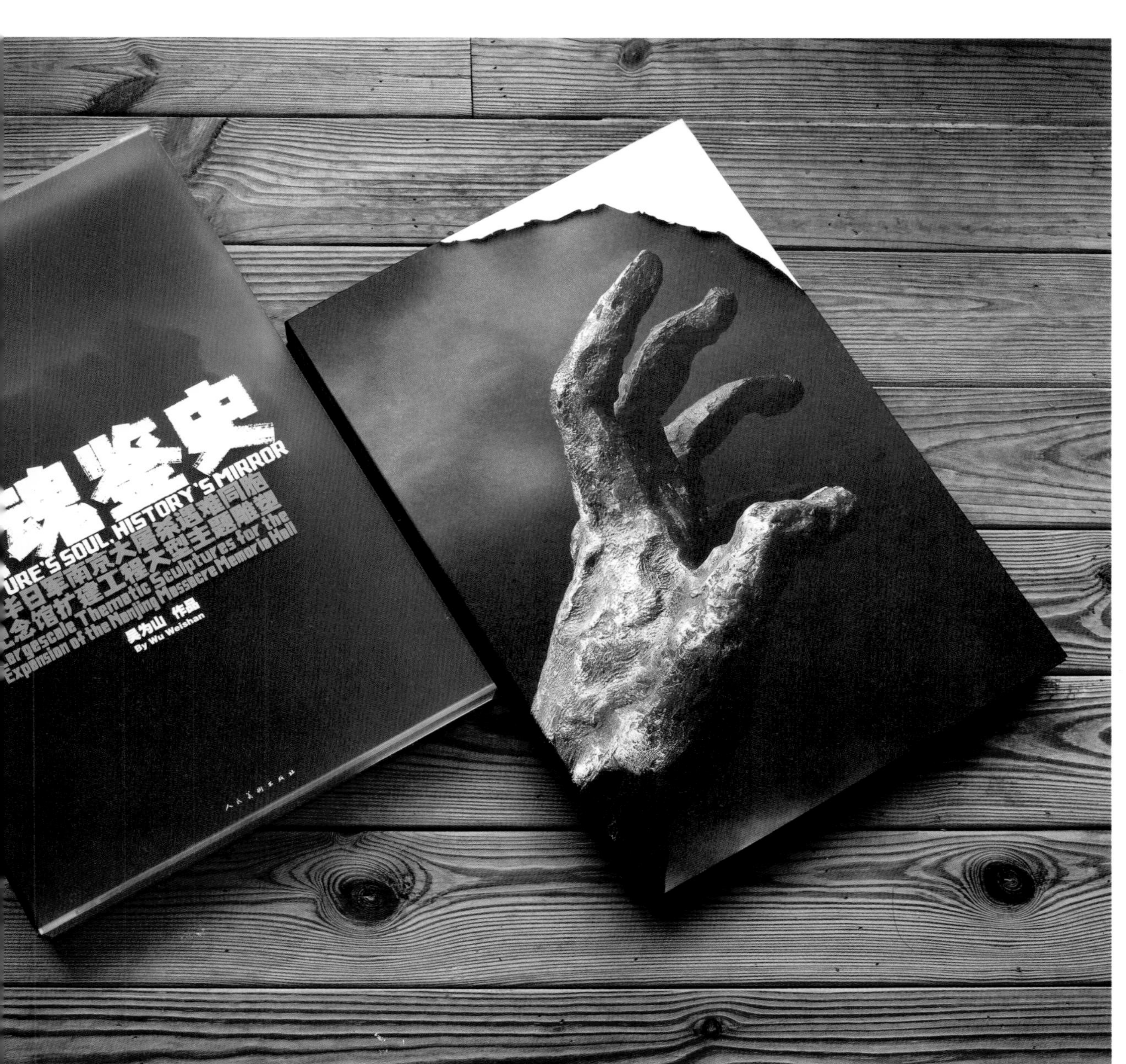
魂鉴史
URE'S SOUL.HISTORY'S MIRROR
日军南京大屠杀遇难同胞
念馆扩建工程大型主题雕塑
rgescale Thematic Sculptures for the
Expansion of the Nanjing Massacre Memorial Hall
吴为山 作品
By Wu Weishan

亲密接触
世界最美的书

张志伟
中央民族大学美术学院教授
研究生导师、视觉传达设计系主任
1987 年中央工艺美术学院（现清华大学美术学院）毕业
曾任河北教育出版社美编室主任
《梅兰芳藏戏曲史料图画集》
书籍设计获 2004 年德国莱比锡
“世界最美的书”金奖
《汉藏交融》书籍设计获
第二届中国出版政府奖

张 志 伟 Zhang Zhiwei

Z Zw

Book
Design
2015
16

2015年3月11日，终于来到“书城”莱比锡，实现夙愿的快乐是那样惬意。尽管天气阴沉，但短暂休整后，旅途的疲劳迅速缓解，一切与设计无关的琐事都扔在了北京，有些时日的感冒症状也基本消失了。眼前的城市景象具有典型的东欧特色，冷灰色调使我想起用爱克发胶片拍摄的冷战时期老电影。城市建筑谈不上赏心悦目，但心态的放松，对莱比锡书展的期待，使快乐快要溢了出来。

期待莱比锡书展，主要是急切想看到新鲜出炉的2015年“世界最美的书”和“各国最美的书”。在莱比锡清晨的薄雾中，车驶离市区，来到位于近郊的莱比锡展览中心，与外面春寒料峭形成鲜明对比的是展馆内热烈的气氛和摩肩接踵的人流。步入三号馆，直奔“上海馆”，历年来“中国最美的书”静静地陈列于此，等待着与来自世界各地的爱读书、爱设计的知音近距离交流。这些书是德国国家图书馆的藏品，能够在书展展出也反映出上海市新闻出版局及“中国最美的书”组委会与德方的友好关系。上海馆开馆仪式及“中华书韵”艺术论坛系列活动贵宾云集，气氛活跃，精彩频频呈现。安排的活动刚刚结束，我竟片刻不停，着了魔似的迈步出了馆，要看“世界最美的书”，事后才知道遗憾地错过了上海馆的“大合影”，想想自己真是个书呆子。

“上海馆”的斜对面，便是“世界最美的书”展位，空间开阔，气势不凡，与我期待的感觉竟然很相像。稍远处，十几个国家“最美的书”书架作为背景一字排开，衬托着前面的白色展台。“世界最美的书”14本！疾步走过去，迫不及待开始翻阅。尽管有多年对“世界最美的书”的关注，并且阅读过上届评委吕敬人老师的精彩点评，但握书在手的真切感受明显不同。这是零距离的亲密接触：完美附着于纸张的各种色系，柔和的内文纸，上乘的印刷，舒服的手感，轻松驾驭的版面节奏，从内到外低调和谐不张扬……该走了，下午要参观莱比锡平面设计及书籍艺术学院和德国国家图书馆。临走时赶紧拿上2015“世界最美的书”获奖图录，明天再来看书。

第二天，在“世界最美的书”展区参加“中欧书籍设计论坛”活动后，在原地又开始了与“最美的书”的“亲密接触”。不对！还是“限时接触”，因为过会儿要举行2015年“世界最美的书”颁奖仪式。几段的“限时接触”，来不及反复揣摩，14本“最美的书”中的几本书还是给我

1

2

留下了深刻的印象。

荷兰设计师的作品《New Horizons》(《新地平线》),是极简设计的极致体现,没有封面,没有线装和胶装等装订痕迹,甚至没有文字,只有图片。在荷兰海牙,摄影师 Bruno van den Elshout 将机器架设在面对大西洋的酒店屋顶上,一年中同一地点每隔一小时拍摄一张,累积了 8785 小时海上地平线的图像记录。这本书的创作灵感即来自于水、海、光、云,流动的景象。有意思的是,拍摄日期是 2012 年,页数为 212 页,印数 2012 册,也许有故事吧?它能够没有任何阻力,悄无声息地被打开;它也像一片巨大的木头平面一样坚实,特殊的装订使左页右页之间比锁线裸脊更舒展,每一页的翻开都平坦呈现。300 幅图片的编排,平静舒缓,看似随意但蕴藏着节奏和旋律的变化。没有文字,翻阅过程中不同读者脑海里会涌现出不同的文本。这本 3.5 公斤、立方体一样的书看起来一点儿也不像书,静静地躺在白色的展台上,在我看来倒像一件装置作品。联想到漫长的记录拍摄过程,还有编辑设计和后期的物化呈现效果,这不是摄影师和书籍设计师共同演绎的一场行为艺术吗?

1 莱比锡市副市长为“世界最美的书”金页奖得主颁奖

2 莱比锡市副市长与获奖设计师合影

3 《New Horizons》

4 《New Horizons》

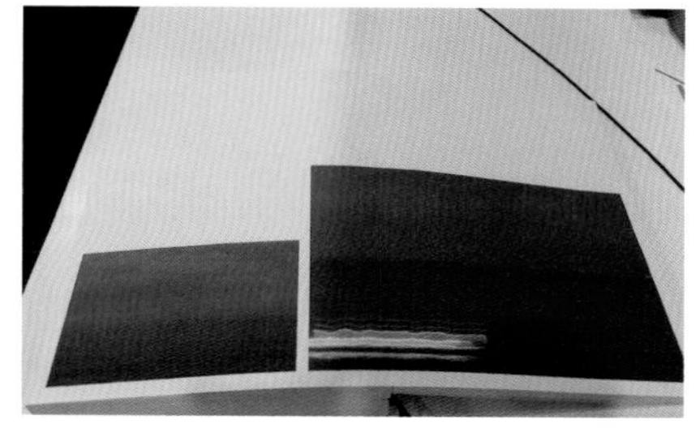

5 《New Horizons》

获得铜奖的《Motion Silhouette》(《运动的剪影》)是一本日本出版的儿童书。在展馆内直白的灯光下,我们看到的左右对页描绘的场景,这本儿童书的创意中其实是不完整的,读者需要自己去与书籍互动,开发情感的宝藏。每一个对页中间,都夹着用白色硬纸模切的卡通剪影:一棵树、一只蝴蝶、一个孩子的侧脸、一列火车……最美妙的体验应该是在黑暗中,通过手机的光或者一个小手电筒的光,读者成为阴影的导演。他(她)调整着手中光源的角度和距离,卡片的剪影开始舞动,有趣的演出开始了：鸟儿落在枝头，一只蝴蝶逃离蜘蛛的追捕飞向玫瑰，蒲公英的种子被孩子轻轻吹向空中，生日蜡烛被一口气吹灭，一个幽灵吓跑了孩子，隆隆作响的蒸汽火车奔向月亮……通过这样一个非电力的方式来点燃一个孩子的想象是非常有趣的，我们这些成年人也亢奋地沉浸在闪烁着光影的童年时代里。

6

获得金页奖的《Untitled (September Magazine)》(《无题 / 九月杂志》)，是一本拥有足够吸引人的封面的时尚杂志：一个女人白净的额头，蓬松的头发上装饰着一个可爱的发卡，左眉毛下方的面庞被裁切，隐藏的信息刺激着读者的热忱。978-9-49184-305-1，一个简单的条形码在封面左侧，封底是飘动的蓝色衣物，只有一行小小的文字：Untitled (September Magazine) Paul Elliman 2013。好吧，让我们再看看里面，没有文字，只有残酷的裁剪照片，姿态各异的男性和女性，也包括欧洲的时尚界名人，始终不露面容，图片充满页面（印刷出血），近 600 个页面

6 《Motion Silhouette》获得铜奖
7 《Untitled (September Magazine)》(《无题 / 九月杂志》) 获得金页奖
8 《Awoiska van der Molen. Sequester》(《隔离》) 获得银奖
9 Awoiska van der Molen. Sequester
10 Awoiska van der Molen. Sequester

引领着我们进入一个暴露狂和自我表现
好者的肖像学当中。这是由 Elliman 多
来收集和编辑的图像，他用新的表现形
突破以往的表现习惯和人们期待中的视
艺术，探寻身体语言与文本之间连接的
法。美丽的裸足、很酷的威尔士王子的
褶、身体姿势书写出的字母的形状，还
手，其中一页看到它们在指向什么，它
在抓向什么……通过图像的细节，也许

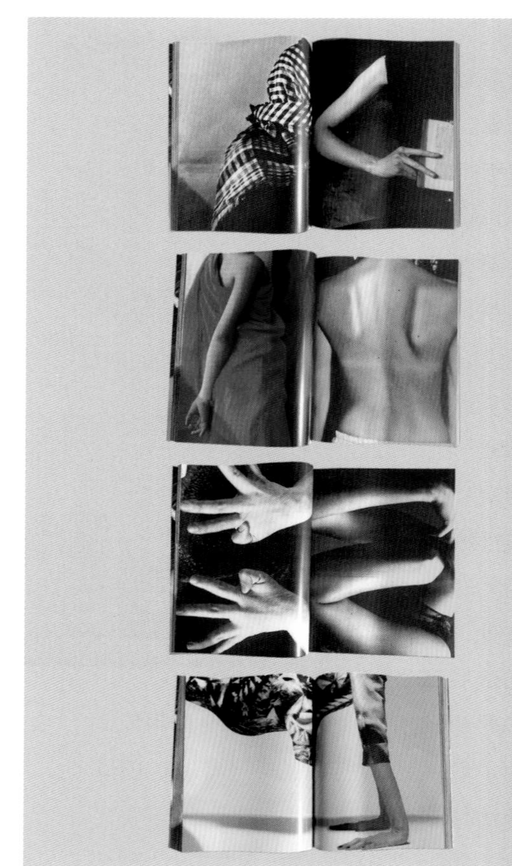
7

网状的胳膊和腿就能发现是某个名人。穿透了将我们困住的视觉密码，而这密恰到好处的尺度令我们的欲望抓狂。我为这是一本不容易解读的前卫杂志。

一本无字书，《Awoiska van der Molen. equester》（《隔离》）。后来查阅信息得知，是一本著名摄影家的作品集，已经获得兰、英国、法国、意大利和德国多个摄类及设计类奖项。摄影，摄像，黑和白。差别的，无言的，隔离的。它有三个章，没有文字，读者会寻找文字，以防止这本摄影书的魅力所征服。这本书的力使读者沉浸在照片中并且成为这个秘密一部分，黑暗出现在纯洁无瑕的风景中，从不想被解释。书籍设计者的挑战是要持 Awoiska van der Molen 摄影的魔力。这样的内容中，图片的魅力、平面艺术概念和所有的技术联系紧密，相得益彰。良的纸张拥有不反光的丝滑，卓越的双印刷和两种阴影黑，即使在放大镜头下依然难以捉摸。内封的黑色书脊、灰色纸封面、白色书名，与护封及内文的黑灰摄影作品色调统一，但有质地、手感视觉的变化。书籍整体设计简洁并充满量，而这能量来自于摄影作品本身，无文本语言的阐释和视觉符号的装饰。

8

9

10

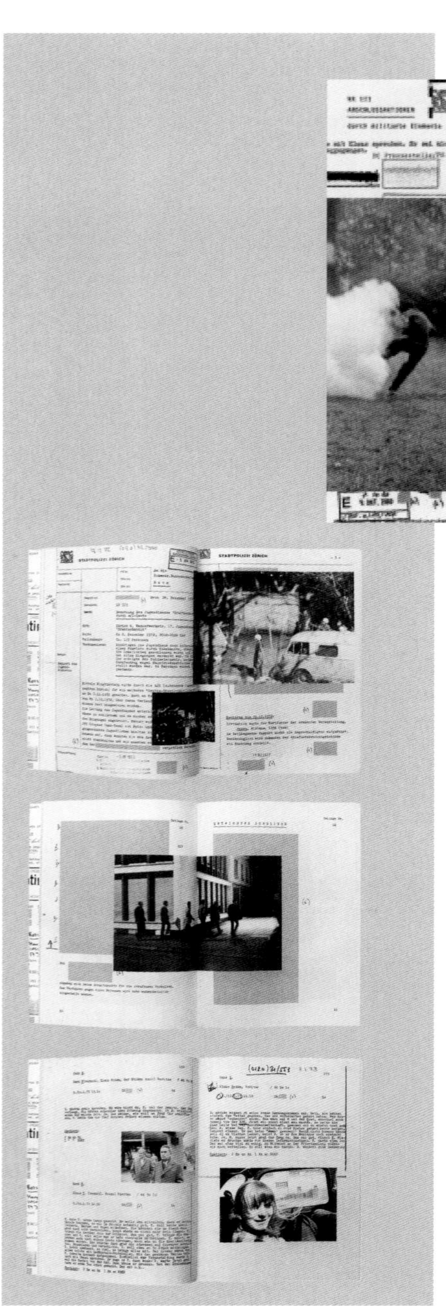

11

11 《Miklós Klaus Rózsa》
获得铜奖

还有一本获得铜奖的书《Miklós Kla
Rózsa》。吸引我的是封面上的图片，
泪弹爆炸瞬间产生的气浪冲向一个人，
片外还有一个小炸弹，什么情况？快速
览一下，624 页内，更多的催泪弹，更
的尘云，更多的冲突场景，许多示威
和警察的火爆冲突，还有更多的档案
本，所有内容都是黑白色调。这是摄影
和政治活动家米克洛什 · 克劳斯 · 罗兹
拍摄的。20 世纪七八十年代，他参与
记录了苏黎世青年运动，他的摄影作品
上后来获取的记录这场运动的国家重点
护档案，形成了本书的基础。主创编辑
设计者将这些受到警察监控的人的活动
像和有关的档案并列编排拼贴，这两条
事线相互独立，又密切相关，引导读者
佛回到瑞士历史上那段激烈的政治冲突
期。蒙太奇带来了受监视的罗兹萨的图
和监视者国家安全档案之间的冲突，观
与反观察的冲突。这几乎难以察觉的却
非常重要的对比也包含第三个观察者，
是读者，在监控旋转书籍这个“放映机
联邦警察和书籍设计者有一个共识：不
定因素，它贯穿全书，而编辑设计这些
容的工作压力是多么显而易见的巨大。
读这本书还使我想起了卓别林时期的无
电影（或称“默片”），无声的视觉影像
幕幕呈现，激烈刺耳的冲突声回响在读

心中。

好了，我发现 2015 年“世界最美的书”中出现的一个现象，有四本书的编著者同时也是设计者——“我的书我设计”。对内容的深刻理解，使他们的身份切换顺畅自然，随时随地穿梭于内容和编辑设计之间，准确选择最佳的视觉语言，轻松驾驭设计叙述的节奏。这种图书创作形式的变化对于编著者和书籍设计者都提出了更高的要求，尤其是以书籍设计师在身份进行角色转换时，更应在选题策划、选题编辑创作以及包括文学写作方面全面提升，结合自己在视觉设计方面的优势，寻找到内容编辑的独特切入点，才能成为一个全能型的书籍设计师或书籍作者。

还有一个现象，获奖书中有四本书内页基本没有文字，只有图片，另有两三本书以图片为主，文字也相对很少。是巧合吗?是评委的偏好吗？我们不得而知。我们看到它们都有美的内容（图片）和美的形式、美的编排和美的节奏、美的空间和美的形态，有字无字都能够很好地借助独特的设计语言阐释内容。是不是获奖书籍都是“最美的”？确实，正如上届评委吕敬人老师所言，奖项名额有限，评委文化背景不同，对书的审美认识不同，没有获奖的书也有不少“最美”。

每年“世界最美的书”的评选和获奖书，吸引着中国出版界和热爱书籍的人的目光。获奖书虽然不是必须参照的风向标，我们也不必盲目跟风，但是它们开放的编辑设计理念和对书籍概念的深刻认识，对内容的把控和形式的多样化探索，“不走寻常路”地进行内容阐述（无字书），对形式创新的包容，等等，给了我们很好的启示。目前国内出版行业书籍设计仍然以邀约设计为主，内容决定形式，我们如何围绕内容精彩叙述并为其增加无限的阅读附加值呢？如何使书籍设计形式成为内容的重要组成部分？书籍设计的生产力价值如何得到体现呢？用心做设计的时候，就发现在书籍设计这个有限的空间里，还有太多宝藏等待我们发掘，还有太多未知密码等待我们解密。

我相信还有机会重访莱比锡，再次亲密接触“世界最美的书”，我希望时间能够从容些，让我更全面更深入地了解西方的“书籍圣地”，我希望能够再带设计作品到莱比锡学习交流，我又有了新的期待。

在这里，书得到无与伦比的敬重
——莱比锡纪行

刘晓翔
高等教育出版社编审
中国出版协会装帧艺术工作委员会常委
刘晓翔工作室艺术总监
三次获得“世界最美的书”奖
十二次获得“中国最美的书”奖
第三届中国出版政府奖装帧设计奖
韩国坡州“东亚出版奖·出版美术奖”

刘 晓 翔 Liu Xiaoxiang

L Xx

Book
Design
2015
16

06

知道莱比锡，是源于“世界最美的书”。说早也不早，应该是2005年以后的事了。出版社对于从事设计的人来说是比较封闭的地方，如果没有2004年第六届“全国书籍装帧设计艺术展览”金奖作品整体入选“中国最美的书”这件事，也许我至今还不知道“世界最美的书”，不知道莱比锡对于书籍设计之重要。

在连绵的阴雨中，我和我的恩师来到了莱比锡，走出机场搭上出租就领略了德国人的高效率：雨夜高速行驶的的士在并不宽敞的高速路上竟然跑出了200公里的时速！这在国内我是不敢想的。虽然经常有风驰电掣的冲动，但绝无这样的机会。随时可能出现在任何地方的“弱者”，肆意改变车道绝不能等行人1秒的“强者”，分分钟扼杀掉我的飞驰梦想。秩序与逻辑这些书籍设计的思维方式，难道在每个德国人哪怕是的士司机的大脑里生根了吗？

来莱比锡之前我曾经多次到过德国，但都是去西部和北部，优美的环境与优质的服务，人与人之间的友善温和，令我颇感舒适。德国的城市由于曾遭到盟军的猛烈轰炸，几乎没有多少古迹存留，唯有教堂高高耸立。二战之后的新建筑五光十色，非常具有个性魅力！第一次来到莱比锡，莱比锡城并没有给我留下美好印象，似曾相识的街道，方盒子般疑似监狱的建筑，处处述说着它曾经的历史，仿佛走进了乔治·奥维尔的《1984》的世界。直到走进莱比锡德国国家图书馆，这种印象才逐渐淡化，并最终消失在讲解员柔顺、温和而平静的声音里。

莱比锡德国国家图书馆始建于1912年，经历了二战时期盟军最密集的轰炸并最终幸存，这与它处于郊区的地理位置有关。纳粹在统治德国期间对于言论的控制从不松懈，德国公民按纳粹指定的思想而“思想”。但是德国国家图书馆是个例外，在到处都在焚烧茨威格的时候，只要茨威格有新书出版，那就一

1

2

1 德国国家图书馆工作人员与王竞一起为中国设计家代表团讲解德国国家图书馆的历史

2 在德国国家图书馆中保存完好并且仍然在使用它印制请柬的印刷机

3

定会被德国国家图书馆收藏，是否允许公民借阅倒是不得而知
德国分裂期间，联邦德国重新修建了德国国家图书馆，这样
在德国就存在两个国家图书馆——联邦德国、民主德国各一个
无论是哪个德国出版的书籍，必定寄往另一德国两本，保存在
对方的国家图书馆中。这种罔顾意识形态的做法是来自对同为
德意志民族的共同认知，还是对于知识与文化的敬重？虽然德
国早已统一，但这种互相邮寄出版物的传统却保留下来，令我
们这些参观者惊叹！

4

德国国家图书馆为我熟知，还源于“世界最美的书”。每年“世界最美的书”在这里评选，已经走过了五十多年，对图书的设计与出版产生深远而重大的影响。重视书籍设计在莱比锡是一种传统，看到一百多年前莱比锡就云集了数百家专门设计书籍的工作室和为出版商服务的印刷厂，我也就明白为什么“世界

最美的书”要在莱比锡而不是别的地方评选了。

这次上海市新闻出版局组织“中欧书籍设计师论坛”，对于我来说是一次和欧洲同行宝贵的交流机会。

“世界最美的书”中欧书籍设计师论坛如期在莱比锡书展上登台，原定两个小时的活动超时了一个多小时才结束。吕敬人先生与德国图书艺术基金会主席黑塞女士共同主持了论坛，用风趣幽默的语言为听众介绍每一位参与论坛的设计师。先后有五位来自欧洲的书籍设计师和我们以一中一欧的形式展开简短而迥然不同的演讲，陈述自己的设计理念，解读自己的作品。我们和欧洲的设计师在对待文本的态度和书籍设计的理念上没有根本的不同，世界上的书籍设计似乎都在走相同的道路，逻辑分析与诗意表现成为书籍设计的主要脉络。差异体现在审美层面的文化差异，并且主要是设计师与设计师之间个性的不同。至于“装帧”与“书籍设计”的争论，在这里早已经是过去时了。2015 年“世界最美的书”颁奖仪式就在书展的展馆里举行，参加本次“世界最美的书”角逐的是来自 30 多个国家（地区）的 585 本书。本届“世界最美的书”没有中国设计师获奖，想想也很平常。三四十个国家分享 14 本书，如果每年都有中国设计师获奖反倒是奇迹了。我的《囊括万殊 裁成一相：中国汉字“六体书”艺术》没有获奖我不奇怪，但是它竟然没有被完全打开，可见获奖也要靠运气。获奖没获奖真的不需要太在意，努力做好每一本书对我来说已经够了，因为我从书籍设计中感受到快乐和美好，它变成了我的一部分。

5

GOLDENE LETTER
1 Untitled (September Magazine) (BE)
Paul Elliman, 2013

GOLD MEDAL
2 Fundamentalists and Other Arab Modernisms. Architecture from the Arab World 1914–2014 (CH)

SILVER MEDAL
3 Danish Artists' Books / Danske Kunstnerbøger (DK)
4 Awoiska van der Molen. Sequester (NL)

BRONZE MEDAL
5 New Horizons (NL)
6 Paul Chan. New New Testament (CH)
7 Éléments Structure 01 (BE)
8 Motion Silhouette (JP)
9 Miklós Klaus Rózsa (DE)

HONORARY APPRECIATION
10 Aliens and Herons (CZ)
11 Cartea de Vizită (RO)
12 More Than Two (Let It Make Itself) (CA)
13 Series: fink twice 501, 502, 503 (CH)
14 Series: The Seto Library. Seto Kirävara (EE)

a FOREWORD VORWORT
b AWARDED BOOKS PRÄMIERTE BÜCHER
c JURY EVALUATIONS JURYBEGRÜNDUNGEN
d JURY PANEL JURY
e JURY REPORT JURYBERICHT
f COMPETITION WETTBEWERB
g IMPRINT IMPRESSUM

STIFTUNG BUCHKUNST

金页奖作品《Untitled (September Magazine)》，一本大 16 开（220×285mm，592pages）的平装书。此书如同画报，没有什么复杂工艺与特殊纸张。它用图片讲述身体以及无意识的期望，裸露的局部与服饰褶皱，零星的手势和颓废的姿态。全书没有文字，是一本没有文本的书籍。文本已经可以在任何载体

被禁止出版的书籍或内容被黑色遮盖
德国国家图书馆中的字体设计展展示了每种西文字体的设计者、年代及最初用途
德国图书艺术基金会 2015“世界最美的书”介绍图册

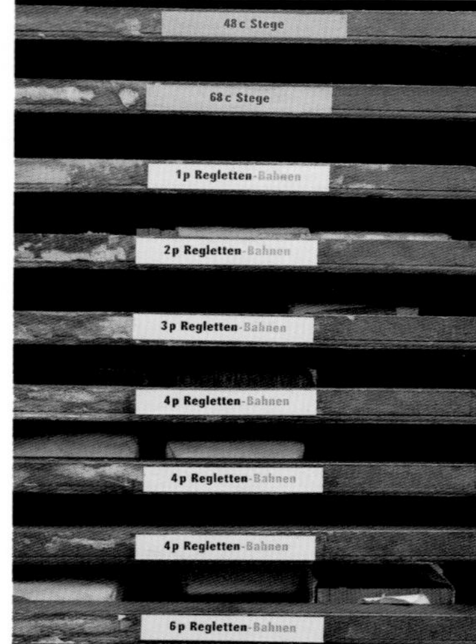

6 上阅读的时代，必然会造就没有文本的书籍和不是书籍的文本
《Untitled (September Magazine)》就是一个生动的实例，它足
以促使我们去思考纸质书的未来。

除金页奖作品外，本年度“世界最美的书”还有两本给我留下深刻印象。一本是铜奖作品《New New Testament》（圆脊精装，178×267mm，592pages，有棕色瓦楞板外包装盒）。是 Paul Chan 第一本作品集，他以旧封面为基础进行再创作，就是将撕下的封面作为垂直画布，在上面平涂上浅灰蓝色或接近黑色的矩形图案。另一本铜奖作品《New Horizons》（全书采用对裱无线装订，230×330mm，212pages）又是一本几乎没有文本的书，完全是设计师的自编自导，观察海的变化并用图片的形式记录变化，这是另一种逻辑矢量关系。特别值得一提的是它的装订方式非常不可思议，这种不可思议不是复杂到难以言说，而是非常简单，简单到只要每一装订步骤做好做对就可以了！这本书让我们见识了一个国家普通公民对待事物的态度和他们的工业水平。

书籍在中国大陆的市场上日益廉价，最普通的平装书价钱仅仅
相当于一个汉堡，和欧美日韩的高价高质书籍形成鲜明对比
7 即便这么便宜，书籍在大陆还是日益显现出危机，既缺乏原创
的有想象力文本，也缺乏优秀的制书工艺。设计上，很多出版
者与读者对于书籍的审美和认识还停留在装帧、美化阶段！设
计师为了封面在书架上能够“爆眼球”而挣扎。在整个社会层
面，书籍乃至所有平面设计，都存在一个“需要设计吗？”这
样的问题。此种情况持续下去，读者怎么可能还一往情深地关
8 注书籍？ 2015 年莱比锡“世界最美的书”展台，除了重点展
示 14 本“世界最美的书”外，每个国家（地区）的参评书籍
都在书架上展示，供参观者翻阅。这些展台上都人头攒动，包
括我担任评委的台湾地区“金碟奖”书籍。可见，读书不仅仅

是阅读内容，其实也是阅读设计。设计与文本在现代书籍之中早已化为一个不可分割的整体。

当我把我设计的书籍赠送给我瑞士的好朋友时，我请他实话实说，这样的工艺水平他以为如何。他非常直接地告诉我，这样的书我们一定会让印刷厂重做！

书籍在莱比锡得到无比敬重的另一个代表是莱比锡平面设计及书籍艺术学院，参观这所欧洲著名设计院校给我留下的最深印象不是其学生的“炫”“酷”作品，而是其扎扎实实落实在最基础层面的被我们早已扫进“历史的垃圾堆”的铅字排版训练——这个平面设计的最基本语法系统。书籍设计以及平面设计发展到今天，诞生了很多派系和风格，但是不管如何发展，都不可能只建空中楼阁，一定要具备坚实的基础。

在汉语出版物的出版以及设计上，旧的形制早已经瓦解。书籍形制的范式转换发生在大约百年前，并最终在 20 世纪 70 到 80 年代完成。在完全西式的书籍形制下如何传达汉字之美，是摆在每个书籍设计师面前的课题。我认为，只有充分了解现代书籍设计的来源以及基本规则，才能在这个基础上筑起汉字设计的大厦。

2015 年 5 月

9

10

11

page
對開頁面／裝訂
版芯
黃金比
分欄
更多分欄
分欄＋分段
更多分欄＋更多分段
點制網格矩陣

6 莱比锡设计学院 视觉传达系教学 铅字排版衬条

7 莱比锡设计学院 视觉传达系教学 铅字排版系统

8 莱比锡设计学院 视觉传达系 教授和学生一起 展示设计作品

9 莱比锡设计学院 出版书籍

10 莱比锡设计学院 出版书籍

11 现代书籍设计 版面网格系统的 来源

Leipzig 2015.03.13

艺术思维的触点

——德国莱比锡平面设计及书籍艺术学院教学实践之意义

雨　鹰

Yu Ying

雨鹰（俞颖）
上海人民美术出版社编审
摄影编辑室主任
《旅行者》杂志编辑部主任
《红蔓》杂志编辑部主任
《丝艺》杂志主编
上海师范大学艺术系油画专业毕业
曾任上海电视台美术编辑、摄影记者
担任责任编辑的多种书籍
获“中国最美的书”“世界最美的书”
中国编辑学会“金牛奖”
上海图书奖、中国出版政府奖提名奖
上海市政府“银鸽奖”等奖项
书籍设计获上海图书奖
华东地区书籍设计双年展
近年担任“中国最美的书”
十周年展整体设计、巴黎图书沙龙
上海主宾城展整体设计
莱比锡书籍艺术展
中国上海展区整体设计等

YY

实践是艺术思维的起点 艺术思维萌发于视觉感悟与实践感知。

实践产生新思维，并形成艺术观、世界观。之后，观念的抽象思维形成艺术家艺术创造的原点。那么实践成为艺术思维的触点，似乎也就成为必然……

初春，随中国书籍设计家代表团造访位于德国莱比锡老城的莱比锡平面设计及书籍艺术学院。

初入眼帘的是古典精致的欧式建筑，焕发着历史岁月的印痕和迷人的艺术风采，一切显得那么贴切、自然，与学院的盛名相得益彰。有着 250 年历史的莱比锡平面设计及书籍艺术学院具有鲜明的艺术风范和摄人的魅力（图 1）。大门上的涂鸦，明确昭示着我们，历史已经到了现代，而艺术的传承与发展相契且并存得如此自然和完美，必定是这一艺术宫殿中包含着丰厚的内涵和精彩（图 2）。

欢迎没有仪式，大厅里学院院长、教授、学者一字排开，与顺势站立着的以吕敬人先生、刘晓翔先生等为代表的中国书籍设计界领军人物，展开了一场无仪式、无约束的对白，一场东西方平面设计艺术界的互动。实质上对于中国设计家而言，这的确也是一

1 

2 

1 莱比锡平面设计及书籍艺术学院
2 学院大门上的涂鸦

次难得的借鉴和学习（图 3）。笔者有幸作为团中一员，对学院的实践教学深有感触，深得感悟……

3

艺术创作思维之触点 1：历史文化结晶的传承与借鉴

历史上平面设计作品（除独幅作品外），均以制版技术加以复制传播。在社会发展的历史长河中，从制版复制一直到近现代的印制，其工艺也不断顺应时代的需求而进步。在莱比锡平面设计及书籍艺术学院保存着历史上几乎每个发展阶段的复制、印制工艺程序和工艺设备，如比较原始的石雕版复制、化学制版复制、现代机械印刷复制等。通过实践操作和工艺再现，学生可以身临其境地感受和体验其工艺和艺术创作的魅力。事实上每一个社会发展阶段的艺术成果都印刻着时代的印记，并具有独一无二的时代特征，这往往与现代艺术创制思维完全不同。而艺术家则渴求汲取和融入不同的思维模式，完善自身独特的艺术创智，这就需要通过观察思考，产生能够碰撞和迸发各种光亮的触点。

莱比锡的印刷出版业是世界平面传播文化发展的先驱。19 世纪末、20 世纪初，莱比锡已拥有三百多家出版印刷机构，与之相关的平面设计艺术也得以充分孵化。

在莱比锡平面设计及书籍艺术学院，陈列着可以使用的不同社会发展时期的平面设计作品复制器材和设备（图 4）。如石版复制，多用于绘画作品和图形的印制，其艺术价值和表现手法对于现代设计的思维具有磁铁般的吸引力和作用力，并仍然广泛用于平面设计的艺术构思和创作，其独有的表现力往往会形成特定的艺术张力。那一块块至今焕发着艺术感染力的石版原件，本身已成为时代和艺术的结晶，透出引发无限遐想的色泽与光彩（图 5）。当学生自由地体验这些历史传承的艺术存在，便会遨游在艺术思维的空间，受到启迪，继而萌发全新的艺术创智意识。对历史的观察和对艺术的博览，对尚处于艺术思维萌动时期的求学者、创作者而言，都可谓是难得的感知和碰触，它真真切切地就在你身边。与国内的教

学体系相比，其最大的不同在于现代设计理念与历史文化传承之间的无隙融合，其触点所激发的火花，往往是引领当今艺术设计家成功和出彩的关键所在。

5

艺术创作思维之触点 2：教学与实践并举的非凡作用

如同步入了印刷车间，穿着工作服的“印刷工”熟练地为我们操控机械印刷的工艺流程。好在中国书籍

6

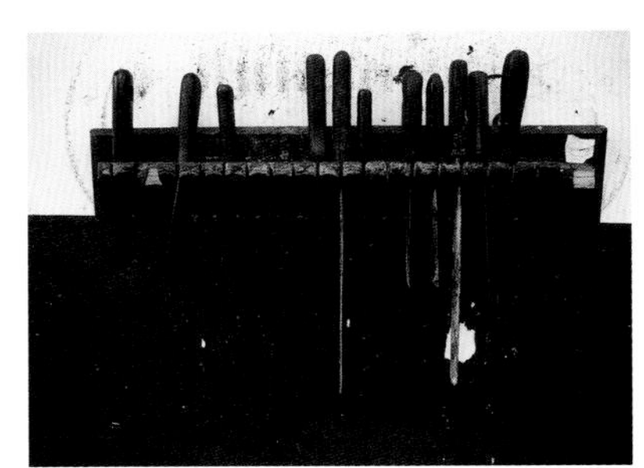

3 参与中德设计师学术对话的德方教师与学生

4 莱比锡平面设计及书籍艺术大学设计学院教学实践演示

5 艺术生的实践课

6 实践课具

设计师大都有下厂研讨工艺及看样调整的经验，这对我们并不陌生。陌生的是这样程序规范、设备齐全的“印刷车间”是在学院内，等同于教室，“印刷工”毫无悬念就是学生（图6）。在国内，印刷与设计是无法画等号的，根本就是两个领域，而在莱比锡平面设计及书籍艺术学院，这样的“车间”和环境，或许就是平面设计艺术家的摇篮，也许某个时期，一颗设计艺术的明星会从这里升起，一位伟大的艺术家会从这里诞生……而教学实践作为学院的重要课题，并非是让学生去当一名流程的操控手，因为现代艺术设计理念已不局限于设计家的作品图样的单一性，制作工艺和复制效果已成为平面设计艺术的补充和组成部分（图7）。有一部分设计理念必须借助于工艺设备和制作手段，这也是平面书籍艺术设计师要下厂完善作品的工艺流程及规范创制要求的原因所在。

7

8

之前，笔者曾为刘晓翔先生担纲设计的《2010—2012 中国最美的书》（创意版）担任责任编辑，感受到了书籍设计师对于工艺流程的严谨和执着：制版印刷期间驻厂十多天，以设计家一丝不苟的创作风格和完善的艺术创作观念，成功为读者奉献了书籍的完美形态和审美意趣。书籍获得 2013 年“中国最美的书”奖项；次年送往德国参加“世界最美的书”评选，再次载誉而归——获得 2014 年“世界最美的书”荣誉奖。其手卷式的中国传统文化寓意，结合现代设计观念，获得国际书籍设计评委的肯定和赞赏。书籍的设计思维与工艺的完美体现与结合，得益于创作者刘晓翔先生对于制作工艺的把控和掌握，也得益于设计家长期以来对于设计思维和工的相互关系的经验积累。笔者作责编随同驻厂多天，同样受益匪……如此，反观莱比锡平面设计书籍艺术学院的教学实践，不难出其注重教学实践的真谛。

术创作思维之触点 3：会实践与应用的广泛参与

年度的“世界最美的书”颁奖会，期在德国莱比锡书籍设计艺术展上行。令我们感到惊奇的是，竟有那多的年轻设计师成为“世界最美书”的获奖者（图 8）。究其原因，他们在求学的同时，努力参与艺术践，同时参与艺术创作的社会应用。样的学习和实践，可以是相继的，以是同时的，教学者没有约束，不门槛。受教者得到的是启发和鼓励，术思维没有被禁锢，艺术创作空间限。就在“2015 年莱比锡书籍设艺术展”中国展馆的对门，以莱比平面设计及书籍艺术学院为名的洽厅中，一批稚气未脱的学生，俨然副设计师的风范，投身于社会服务应用，委托者们也并未轻视这些年的创作者。在整个莱比锡书籍艺术的展厅内，以独立设计师名义“摆”的青年艺术创作者比比皆是。或其时刚为追梦人，来日又成一艺术……也许是创作氛围的宽松，才使青年才俊脱颖而出。

9

10

11

7 艺术生－艺术家？

8 艺术生－艺术家？

9 如此年轻的“世界最美的书”获奖者

10 教授在实践教室

11 艺术生自己动手布置展厅

然而，我们的平面设计师能够在学院里得到相应实践教学的屈指可数，一般院校并不具备教学实践场所和基地。笔者所在的出版社，每年都有一些进入毕业创作期的学生前来寻求工作实践的岗位，然而这根本不能解决学有所用的现实问题，成批的求学者最终面临改行转岗的知识浪费境遇。执着者也只能通过自主创业、自我提高、自我完善来追求自身的艺术发展和进步，他们的成才之路走得相当曲折，甚至艰辛。我们如反思和解析我们的教学实践的基础和设置，从中也不难看出其中教学实践的差距。艺术源于生活与实践，艺术源于实践中的感知与悟得，天才亦是如此。启发和引导同样来自现实与存在，离开客观实践，天才的思维也是虚幻迷茫的，也就不能产生艺术思想的造化、产生创作智慧萌发的触点。

12

中国设计艺术基础群体中，不乏创造力和想象力的天才，或者说具有天才素质的萌芽，更有着成就非凡的艺术家。在书籍设计艺术领域，先后有多位设计家荣获“世界最美的书”等各类最高奖项，代表了中国书籍设计的艺术地位。但现实中，优秀成果局限于少数艺术家也是不争的事实。这不是值得欣喜的状态，如能青出于蓝胜于蓝，后浪追前浪，能够雨后春笋般成长出艺术设计领域的佼佼者，才是真正的幸事。这将考验我们的教学实践环境和氛围，同时也是在艺术创造发展中激发闪亮触点的意义所在。

12 包含时间光泽的历史传承

1912 · 纸贵书重

周晨
文化部青联美术委员会副秘书长
中国美术家协会藏书票研究会理事
现为江苏凤凰教育出版社副编审
艺术教育出版中心主任
多次获得“中国最美的书”奖
2007 年、2008 年应邀主持
《中国新闻出版报》装帧版
并开设名家对话专栏“周晨书吧”
1998 年始从事图书编辑及书籍设计
获得各类出版设计专业奖项 50 余项
2014 年参加上海雅昌艺术中心
“新造书运动——书籍设计十人展”
2015 年随中国出版设计家代表团
参加德国莱比锡书展

周 晨

Zhou
Chen

ZC

从莱比锡书展匆匆归来，回家要上五楼，箱子沉沉。翻检皮箱中带回国的物件，最重的还是书，拍照发了条微信“书最重”。

德国有两大书展：春季的莱比锡书展和秋季的法兰克福书展。2012 年 10 月，我参加了法兰克福书展，恰逢莫言成为中国首位获诺贝尔文学奖的作家，他的书成了那年我们中国展区的亮点。这次参加莱比锡书展，随中国出版设计家代表团出访德国，中德书籍设计家交流，“中国最美的书”展示，皆属首次。两次赴德，结下两个中国史上第一的书缘。

莱比锡是前德意志民主共和国第二大城市，位于萨克森州莱比锡盆地中心。1497 年起，莱比锡被允许举办博览会，最终发展成今日世界闻名的博览会之城。莱比锡图书博览会是世界最大的图书交易及博览会之一。

莱比锡之行，除了书展本身的观摩学习和论坛交流，印象最深的要数参观德国国家图书馆。每年，获评的各国“最美的书”，都要送往莱比锡德国国家图书馆，参评“世界最美的书”，之后这些书被图书馆收藏。2015 年中国展区的所有“中国最美的书”就是从那里借出来的。听布展的同事讲，馆方的收藏工作很细致，编号很仔细，一点都不会搞错，现场看到展示出自己的多部获奖书，品相完整，完美如新。联想到最近友人编辑一本谈民国版书籍装帧的书，从图书馆拍摄回来的书影照片看，有在原有封面外粘护封的，有的贴上多个图书馆标签，有的在“脸上”随意加盖公章。这些书惨遭“毁容”，令人惋惜。

德国国家图书馆除了有专业而丰富的藏书外，更有丰富的展示，各阶段出版的书籍、图片资料、印刷设备、印版乃至制作水印纸的网版等实物，琳琅满目，就是一个关于德国书籍历史文化的博物馆。参观的过程，犹如一次时光穿越。最吸引我的是图书馆工作人员带我们来到一个圆柱形的斜剖面展示台前，底版上印制的是莱比锡的城市地图，地图范围由老城向周边延伸，地图上缀满了黑、白、红、蓝、绿五色小珠，标注得密密麻麻，表示的是 1912 年莱比锡这座城市中从事与书籍有关行业的企业数量。展示台上，标注的绿色珠子代表 300 家印刷厂和排字厂，红色珠子代表着 982 家出版社和书店，蓝色珠子代表着 173 家图书装订厂，黑色珠子代表着 298 家版画设计院，白色珠子代表了 36 家印刷机制造厂。工作人员告诉我们，当时的莱比锡不光是德国的书业中心，也是欧洲的书业中心。其出版业之发达，产业链之完整，从业人数之多，真是令人叹为观止！我更感慨于他们的细致严谨和独特的历史思维。欣赏着展厅中陈列的精美书籍，看着这些珍贵的历史图片与实物，脑海中，一幅当时书业繁忙的城市图卷自然而然地被勾勒出来。

查阅资料，得知之所以选择 1912 年作为一个历史剖面来展示，是因为这一年德国国家图书馆成立。由于对莱比锡的历史知之甚少，一开始并不清楚这原因，查阅了这一年的历史大事记，并未发现这一年的德国有何特殊，但无意间链接出了 1912 年发生的两件与书籍出版有关的大事，一喜一悲。这一年的中国，元旦，中华民国成立，由陆费逵等人创办的中华书局在上海随即诞生，初设编辑所、事务所、发行所，后增加印刷所，提出“完全华商自办”的口号，成为商务印书馆的竞争者。首先出版新编的《中华教科书》，开启了出版界这家“百年老店”的序幕。4 月 14 日的欧洲，由英国出发的奥林匹克级的泰坦尼克号撞上冰山，并于次日沉没

1 德国
国家图书馆
莱比锡 1912
展示台

2 德国
国家图书馆
莱比锡 1912
展示台

1

Das Grafische Viertel in Leipzig
Standorte des Buchhandels und
Im Jahre 1912 gab es in Leipzig:
300 Druckereien und Setzereien
982 Verlage und Buchhandlungen
173 Buchbindereien
298 Grafische Anstalten
36 Maschinenbaufirmen für die Druckindustrie
Buchhändlerhaus und Buchgewerbehaus

2

随之沉没的还有一部超豪华、重量级的图书——《鲁拜集》，被称为《伟大的奥玛》（*The Great Omar*），重金打造，镶嵌有一千多颗宝石，堪称书之瑰宝。该书由弗朗西斯 · 桑格斯基和乔治 · 萨克利夫担任装帧师，伊莱休 · 维德绘制插图，书上镶嵌了红宝石、绿松石、紫水晶、托帕石、橄榄石和石榴石，每颗宝石都配有金色底座，装帧费高达 500 英镑，可谓空前绝后，被称为“史无前例的范本”。该书的设计受到当时 19 世纪末英国约翰 · 拉斯金和威廉 · 莫里斯倡导的“艺术与工艺运动”影响，以手工艺来应对飞奔而来的工业化浪潮。

3 

4 

无意间将几个本来互不相关的事件串联在一起，使 1912 年这个时间剖面变大了。我们对莱比锡在 1912 年所处的历史坐标，在时间与空间上有了更深入清晰的认知。房龙在《欧洲印刷史话》中有这样一段话：“如果没有腓尼基的闪族部落为我们发明了字母表，我们或许还没有文字，也就无法以书面的形式表达口头语言；如果没有中国人偶然想到雕刻印章，并用它将书面文字‘印刷’到黏土块和蜡块上，我们很可能永远不会联想到把图像与字母刻在木块上；如果没有阿拉伯人征服撒马尔罕，造纸术恐怕要延迟几个世纪才能传到欧洲；如果没有纸张，恐怕永远也不可能有印刷的书籍；如果没有伟大的波罗的海和中欧的商业同盟，那些作为印刷工业摇篮的城市就不可能这么早拥有巨大的规模和重要性……”

3 德国
国家图书馆
陈列书籍

4 德国
国家图书馆
陈列书籍

5 德国
国家图书馆
陈列品

6 德国
国家图书馆
陈列品

7 德国
国家图书馆
陈列品

8 德国
国家图书馆
的阅览室

正是这一连串已成为现实的假设，构筑起了人类进步的基石。书籍记录着人类的文化结晶，传播着人类的文化知识，书籍制造更是凝结着人类共同的文化遗产。书，是人类在文明进程中送给自己的一份厚礼，太贵重！且行且珍惜！

莱比锡朝圣归来的一点感想，记之。

2015 年 4 月 30 日

5

6

7

8

莱比锡书展与中国上海馆

张 国 樑 Zhang Guoliang

张国樑
一步设计工作室艺术总监
上海教育出版社副编审
中华书局上海分社艺术总监
东方出版中心设计总监

获奖
第五届全国书籍设计展览铜奖
第六届全国书籍设计展览银奖
上海装帧设计最佳封面设计奖
承担 2010 年上海世博会
部分图书设计任务
《中国最美的书 2006—2009》荣获
2011 年“中国最美的书”称号
“中国最美的书”十周年纪念活动
整体设计
“上海书籍设计十人展”系列活动
整体设计
《上海书籍设计师作品集》荣获
2014 年“中国最美的书”称号
“中华书韵”德国莱比锡书展系列活动
整体设计

Z GI

经过十几个小时的长途飞行，我们先遣部队一行七人，在长江出版基金会吴总的带领下，终于到达莱比锡，开启了我们的德国之旅。

莱比锡书展于每年的 3 至 4 月在德国莱比锡展览中心举办，具有悠久的历史。可以说，近代国际书展的模式，都起源于 19 世纪初叶的德国莱比锡书展。它是德语地区书业界在春季最重要的事件。书展是为广大公众提供新书目的交易平台，书商、读者与媒体在这里可以直接进行交流。自 1991 年以来，作为作家的展览会，独特的“莱比锡朗读”文化节已成为书展的标志，数以万计的观众聆听他们朗读作品。

2015 年 3 月 12 日至 15 日，莱比锡书展首次设立了中国上海馆，面积 120 平方米，与“世界最美的书”展馆相邻，位置优越，集中展示了“中国最美的书”。除展出 250 余种“中国最美的书”获奖作品和外文版《文化中国》丛书外，还有“上海四季”摄影图片展。此外，中国展区举办了多种活动，包括新书发布、书法表演等。为配合这次展览，上海市新闻出版局将 12 年来“中国最美的书”获奖图书结集出版，由上海设计家陈楠设计，雅昌艺术公司资助制作，取名《书衣人面》，在莱比锡书展期间首次发行。

1 2015 莱比锡书展上海馆“中华书韵”展 沃尔夫・卢西尔斯先生 卡塔琳娜・黑塞主席 祝君波局长 陈平参赞 吕敬人先生为展览开幕剪彩

这次，上海市新闻出版局组织四十余人的代表团赴德国莱比锡书展，其中聚集了来自上海、北京、江苏以及全国其他地区的书籍设计师、出版人，如设计家吕敬人、张志伟、刘晓翔、速泰熙、周晨、赵清、陈楠等。

此外，中国设计家与国际同行同台交流，共同举办多项交流活动，包括“中国最美的书”设计艺术展开幕式、中欧书籍设计家论坛、中华书韵艺术论坛、中欧书籍设计家沙龙等活动，共同推动书籍设计艺术走向更高水平。

值得一提的是，在这次书展中，上海市新闻出版局与德国汉堡文化局达成协议，莱比锡书展结束后，作为汉堡与上海市友好城市的文化交流活动，参展的“中国最美的书”获奖图书和《文化中国》丛书以及“上海四季”摄影展将于 2015 年夏天赴德国汉堡继续展示。展示结束后，参展的《文化中国》丛书将赠送当地图书馆收藏。

这次作为中国出版设计家代表团的一员来到莱比锡，能够与各国设计师同台交流学习，兴奋之情溢于言表，有幸亲历全程活动，实在感到欣慰。下面来谈谈我的点滴感想。

2

中国设计师登上了世界书籍设计的舞台

3

十年前，我有幸第一次随同上海出版家代表团来到莱比锡，与“世界最美的书”面对面。在这次评比中，我国《梅兰芳藏戏曲史料图画集》荣获金奖。作为中国人，当然心情是很激动的，为中国设计骄傲。但高兴之余，内心还是有些忐忑，因为当时国内书籍设计，无论是观念，还是表现方式，都缺乏国际设计语言，尤其是面对西方设计强国的作品时就相形见绌。一晃十年过去了，中国社会经历了突飞猛进的大发展，祖国的日益强大为中国书籍设计师搭建了与世交流学习的大舞台。通过请进来、走出去的方式，尤其是十年来的“中国最美的书”评选，中国的书设计达到了一个新的高度，无论是设计观念、表现方式还是印制工艺，都已经赶上或超越了西方。2003 年以来，先后有 12 批 250 余种“中国最美的书”亮相德国莱比锡书展，其中 13 种图书荣获“世界最美的书”称号。这些都是很好的例证。作为一名中国设计师是幸运的，本人的作品也两次获“中国最美的书”称号。庆幸赶上好时代，也感谢上海市新闻出版局“中国最美的书”评委会。

如今几十位中国设计师齐聚莱比锡，中国设计再次亮相，22 本“中国最美的书”争奇斗可喜可贺；中国设计师在中欧书籍设计家论坛表现出色，更是可圈可点，每位发言者都理念颖，角度独特，丝毫没有一点儿怯场，体现出了中国设计师的应有精神面貌，深得国际同行认可。前“世界最美的书”评委主席乌塔女士对中国设计表现出很大的兴趣，并给予很高的价。还有德国著名书籍设计师、“世界最美的书”奖项获得者萨宾娜等都很看好中国书籍设这次中国设计虽然没有获奖，我的心情仍然是激动的，但没有了当年的忐忑，因为中国书籍计已经登上世界书籍设计的舞台了。当然，我们任重而道远，要不断学习先进的设计理念和

4

2　莱比锡书展
艺术家手工书
展区
萨宾娜、乌尔里克、乌塔
与祝君波局长
畅叙友情

3　乌塔设计的书

4　莱比锡书展
艺术家手工书
展区
萨宾娜、乌塔
展位上的
艺术家手工书

法，如这次获奖作品中的超前的图文理念等，将中国书籍设计再推上一个台阶。

最近祝君波副局长在他的《情系莱比锡》一文中总结得很好："走向莱比锡的这 12 年，我国设计师
了新的动力，通过'中国最美的书'这座桥，去竞争'世界最美的书'奖牌，同时又通过莱比锡这个
口，感受全球设计界的最新变化，获得新的收获。如今，中国已成为世界出版大国，每年 20 多万种
书源源不断地出版。我们的书籍设计相较于 20 世纪 80 年代，确实变美了，变好了，这一切既要归
于经济的发展、人民文化程度的提升，又应归功于一代又一代设计家的努力。"

三个女人一台戏

5

由于工作安排，我在展馆的时间较多，因此有机会多看一些展位，其中乌塔、萨宾娜和乌丽克等三人的书摊去得最勤。三位德国著名的女书籍设计师联袂设摊，展示其作品。乌塔是"世界最美的书"评委会前主席，萨宾娜是我 2004 年访问德国认识的老朋友，也是"世界最美的书"称
获得者。乌丽克是新朋友，一名出色的德国书籍设计师。她们的展位不大，只有两三平方
显得很经济。富有创意的作品放在里面，倒也很别致。由于展位租金较贵，拼租就理所当
也体现了德国设计师的务实精神。每年都会有很多设计师或插画家来这里参展，在德国这种
象很普遍，如同国内的艺博会。十年前，我就看到设计师在书展上出售自己的作品。

回到三位设计师的作品上，我发现她们都非常关注文化和艺术表达。例如萨宾娜将摩尔斯电码运用到
计上，很有新意；乌塔将中国的汉字组成图案，中国设计师看了，也觉新鲜；乌丽克将朋友送的诗歌
新设计演绎，耐人寻味。通过翻译委婉地询问了售价，一点儿也不便宜，基本就是奢侈品的价，我顿
囊中羞涩，最终错失良机，实为遗憾。她们的作品和行为方式给我两点启示。首先是设计是她们追寻
人生之意义，诗意化之生活。将设计、艺术、生活有机地集合在一起，有点像我们的文人画家，以书
友，抒发画家的真挚的情感。正如网上所说：人们对于日用必需的东西以外，必须还有一点无用的游
与享乐，生活才觉得有意思。看夕阳，看秋河，看花，听雨，闻香，喝不求解渴的酒，吃不求饱的
心……其次，她们完成了从设计到艺术的转化，她们是艺术家，将书籍设计作为独立的艺术作品。她
不为他人做嫁衣裳，只为艺术追求完美，从而打破了设计与艺术的边界，这种边界体现在设计的实用
和艺术的无用途上。当下艺术与设计的界限越来越模糊了，从形式上已很难辨别了——有些作品看上
很艺术，其实它是设计；有些感觉是设计作品，它却是当代艺术。其实两者之间本质上是不同的，当我

是消解了物的实用价值，使它只具备玩赏意义时，它就有成为艺术的可能；如果我们对它加以虔诚的仪式——展览或进博物馆，那它就是艺术作品了。这样我们可以轻松地解读杜尚的作品“小便器”了，这正好印证了康德的艺术无用途的逻辑。无疑三位设计师为我们做了一次很好的解读。我有理由相信，至少我们能看到，尽管数字出版迅猛发展，但书的形式一定会被人类保留，并作为艺术方式得以发展。德国三位女设计师或许先行一步，给予我们启示：明年我们也可以到莱比锡摆个摊位，出售自己的艺术品吧！

一点遗憾

这次德国之行还是有些小插曲，也有点小遗憾。2004 年我第一次到德国访问，那时国内还没有发展起来，人们的思想意识还相对滞后，学习西方的先进经验已迫在眉睫，一到德国，顿觉新鲜，一切都是那样舒服养眼。尤其是德国人做事严谨的风格，给我留下了深刻的印象，如时间观念强，做人讲诚信，做事有计划，马路干净整洁，处处体现以人为本的理念等，总之2004 年的德国是完美的。然而这次德国之行因几件小事，我犹豫了。

第一件事，我们在法兰克福转机，刚到了莱比锡机场，小董被告知行李箱被人拿错了，弄得小董苦不堪言。后来发现吕老师的箱子也不见了，急得吕老师到处打电话求助，好几天心神不宁。当大部队回到浦东机场，旁编辑左等右等就是不见自己的行李箱，一查询东西还在机场，根本没上飞机。一个代表团接二连三遭遇不快，不能不说航空公司有关人员的工作方式是有瑕疵的。刚到家还没有倒好时差，打开电视看新闻，汉莎航班发生空难了，所有的乘客不幸罹难，原因是管理不当，驾驶员隐瞒抑郁症病情。我深深地倒吸了一口冷气——上帝啊，太悬了，这不就是我们乘过的汉莎吗？怎么了？严谨的风格哪里去了？

5 莱比锡书展
艺术家手工书
展区
萨宾娜、乌尔里
克、乌塔
与祝君波局长及
本文作者合影

第二件事，作为先遣部队，我们提前两天来到会场，准备布置搭建，接下来发生的事更让我纳闷。首先德方搭建工人把展会主题文字弄错了；其次没有给展板留好合适位置，导致有两块展板不能上墙，严重影响到我们的工作进程和质量；再有，我们托运的展品迟迟不见，经过反复交涉，直到开馆前的最后一刻才拿到物品，还要交额外费用 500 欧元。真是急死人，差点儿影响到展览的开幕。以上几件小事的发生，让我们有点摸不准方向，不禁自问：十年前的模范榜样还在吗？我们也经常看到“希腊破产”“冰岛危机”等字眼，从另一个角度可以看出西方部分国家治理水平的低下。但愿我接触到的事情都是巧合和例外。

通过三十多年的改革开放，中国取得了巨大的进步，国内的治理也日益完善。随着对外交流越来越多，我们要客观地看待西方。张维为教授说得好：“我们不要仰视西方，也不要俯视西方，我们要平视西方。”我想这点小遗憾，并不能说明什么，不会动摇我对德国整体的良好印象。祝德国发展越来越好，人民生活越来越好，希望下次还有机会到德国交流学习。

莱比锡书城“朝圣”

赵 清 Zhao Qing

赵清
国际平面设计联盟（AGI）会员
中国出版协会装帧艺术工作委员会委员
深圳平面设计师协会（GDC）会员
江苏平面设计师协会理事会员
南京文化创意产业协会理事会员
任职江苏凤凰科学技术出版社美术编辑
1996 年创办“梵”设计工作室
2000 年创办“瀚清堂设计有限公司”
并任设计总监
2007 年受邀南艺举办壁上观“07/70”
归来海报展
2010 年组织 ADC 对话南京设计展
2012、2014 年在北京、南京、成都
等地举办
“清平乐 · 手不释卷 · 赵清设计展”
个人设计作品获奖或入选于世界范围内
几乎所有重要的平面设计竞赛和展览
并获得了美国纽约
ADC、TDC、One Show Design
德国 Red dot，英国 D&AD
俄罗斯 Golden Bee
东京 TDC、中国深圳 GDC
等众多国际设计奖项
16 次获得“中国最美的书”奖

ZQ

“中国最美的书”是由上海市新闻出版局主办的评选活动，以书籍设计的整体艺术效果和制作工艺与技术的完美统一为标准，邀请海内外顶尖的书籍设计师担任评委，评选出中国大陆出版的优秀图书 20 本，授予年度“中国最美的书”称号，并送往德国莱比锡参加“世界最美的书”的评选。

“中国最美的书”的评选成就了瀚清堂——获得此项殊荣最多的设计团队。

作为平面设计师的我，回归到原本的书籍设计师身份。

在当下浮躁的设计环境中，始终守望一方纸本田地。

中国设计师来到莱比锡，在世界顶尖书籍设计发源地游学探究。

2015 年 3 月，我怀着景仰之情及些许朝圣心态，第一次飞往向往已久的德国。

在视觉设计、平面设计领域，这块土地的特殊地位之所以令业界称道许久，皆因德国是世界现代工业设计的滥觞之地：魏玛包豪斯大学（Bauhaus-Universität Weimar）是世界现代设计的发源地，对世界艺术与设计有着巨大的贡献，它也是世界上第一所完全为发展设计教育而建立的学院。许多世界顶尖工业品牌也诞生于德国，功能性与设计美兼而有之，享誉全球。

20 世纪 80 年代，信息尚未像如今通达，唯一了解世界现代设计史的渠道，是收听国内设计史学者王受之老师的授课录音，是他带着包豪斯的现代工业设计理念来到中国。在这门学科在中国被称为“工艺美术”的当时，尚在校园的我被深深震撼：究竟是一个什么样的国度，有如此强大的设计智慧？由此更加牵引了我对设计的兴趣和热爱。

时至今日，严谨工整的德国、东方轻灵的日本，是我最为景仰的两大设计国度，也是世界设计潮流所在。第一次德国之行让我感触良多，特意在此纪行，希望这里也将是我常往之地。

1 德国第一站：音乐、博览与书之城

首次踏足德国，第一站便是莱比锡，象征意义非凡。莱比锡是德国东部的第二大城市，位于柏林以南，处处可见形态优美的

1 4

2 5

3

6

1 “世界最美的书
获奖设计师
合影

2 “世界最美的书
论坛现场

3 本届 14 本
“世界最美的书

4 “世界最美的书
论坛现场——
金页奖获得者
Paul Elliman 和
Julie Peeters
（左起两位）

5 “世界最美的书
论坛现场公布
本届参与国家
（地区）统计

6 年轻的本届
“世界最美的书
评委团队

菩提树，别具风格的德派建筑。这里是世界闻名的博览会城和音乐城，也是书籍设计师们热爱的书城以及阅读之城，“世界最美的书”奖项在此揭晓。该奖项在民主德国设立，两德合并后面向世界进行书籍设计的甄选，每年选出“世界最美的书”共 14 本，一坚持便是数十年，是纸本田地中的忠实守望者。

当然，设计从无唯一标准，“世界最美的书”并非书籍设计的唯一标准，却是极具前瞻性和专业度的风向标。于多重身份的我（先是出版人，再是书籍设计师），这份憧憬在经历此行后越来越坚实，新灵感和新启示也正在迸发。

2 14 本世界美书：小众图书崭露头角

相较往届“世界最美的书”，年轻的评委团队带来了一些新力量、新观点。从本次获奖的 14 本作品中可以看出，独立出版的小众图书占据多数，有的作品印量极小，甚至不超过千本，题材以设计、艺术等为主。有的作品全书基本没有文字，仅依靠强大的图片编辑能力，不着痕迹，功力尽显，支撑起整个纸本体系，这是相当值得当今书籍设计界探索研究的一个方向。

3 莱比锡书展：时间轴并列的行为艺术

莱比锡从 18 世纪起就是德国的文化中心，云集了当时德国最重要的出版社，成为最重要的出版基地。1948 年莱比锡成功举办书展，成为工业展览的一部分。1949 年德国分裂为二，民主德国继续举办莱比锡书展，联邦德国举办的法兰克福图书博览会后来居上，由国内书展扩大为欧洲地区书展，再进一步成为国际性的书展重镇。两德统一后，莱比锡书展得以延续，成为德国及全球各大出版社展示其风采的舞台。莱比锡与法兰克福两大书展的奖项就此各占其重，相较法兰克福书展，莱比锡书展及奖项更注重艺术性及设计创意。

值得一提的是，两德分裂期间，莱比锡国家图书馆与法兰克福国家图书馆依旧以一种方式保持着持久的联系：联邦德国出版的每本图书都会寄送至莱比锡国家图书馆，民主德国图书则寄送至法兰克福国家图书馆。这种时间轴上严格保持并列的行为艺术，克服了客观的执行难度，更使得两馆成为交流意识形态、互通知识有无的桥梁。

7 莱比锡
平面设计及
书籍艺术学院的
教授
与印刷机

7

4　印刷博物馆：自古先进的莱比锡书籍设计

分裂的政治状态，并不妨碍这种微妙稳定的关系，我想是因为德意志民族本就崇尚阅读，国民性格里就充满着求知的迫切和对书籍的喜爱。在莱比锡国家图书馆的印刷博物馆里闲走，1912 年莱比锡地图上呈现出的当时的书籍出版行业状态给人印象深刻：全城星罗棋布着 300 组打印和排字机器，林立着 982 家出版机构和书店、173 家装订公司、298 家图形设计机构、36 家印刷工程公司……直观数据所显示的行业发达程度令人叹为观止。

5　顶尖学院：莱比锡平面设计及书籍艺术学院

莱比锡平面设计及书籍艺术学院（下或称“学院”），是德国一所以平面媒体设计和书籍出版为专业方向的公立高等院校。学院成立于 1764 年，2014 年刚刚迎来它的 250 岁诞辰。作为莱比锡三大学院之一，也是德国历史最悠久的艺术院校之一，学院对于莱比锡城市文化的影响及在艺术与设计传播方面的作用，可谓深入骨髓，不可小觑。此行到学院参观，听闻当地人都将学院视作莱比锡的城市名片，都将它视作莱比锡这座拥有千年历史城市的一大骄傲。

莱比锡平面设计及书籍艺术学院发展至今，一共设有四个本科专业和一个硕士专业。本科专业设置包括：绘画 / 图形、图书艺术 / 平面设计、摄影、媒体艺术。最近该校增设了一个硕士专业，即管理艺术。

作为世界范围内较少数高水平的开设图书艺术 / 平面设计专业的学院，莱比锡平面设计及书籍艺术学院正在尝试通过不同媒体注入电影、装置等其他媒介，从不同维度应对传统书籍出版行业和新媒体行业的形势变迁，不断进行实验性质的各类教学尝试，使其始终站在世界书籍设计教育的前列。

值得一提的是，学院在德国院校中开设唯一的字体设计课程，这不仅仅是专注传统印刷字体，更让字体设计师们在数字世界里接受印刷品和数字媒体的字体挑战。学院课程分类详尽，试图分析和寻找老式传统字体中的固有规律，鼓励学生对其进行再设计和创新，使得学生更好地理解当代社会与字体使用之间的关系。这样的“学以致用”，是目前国内诸多设计类学院和专业在课程设置中所缺少的。作为艺术类院校中的教授者，我也相当赞同这种带有实验性质的教育方式，即深入研究并实践设计在社会、市场应用中的实战演练，而不是拘泥于书本教案，授课方式也可以多种多样，灵活机动一些。

8 德国国家图书馆
中的字体设计展
9 莱比锡
1912 年城区
印刷业分布图
10 在莱比锡
平面设计及
书籍艺术学院的
书籍艺术系
参观
11 学院里的印刷机
12 学院里的印刷机
13 赵清与刘晓翔
在莱比锡
平面设计及
书籍艺术学院
合影

8

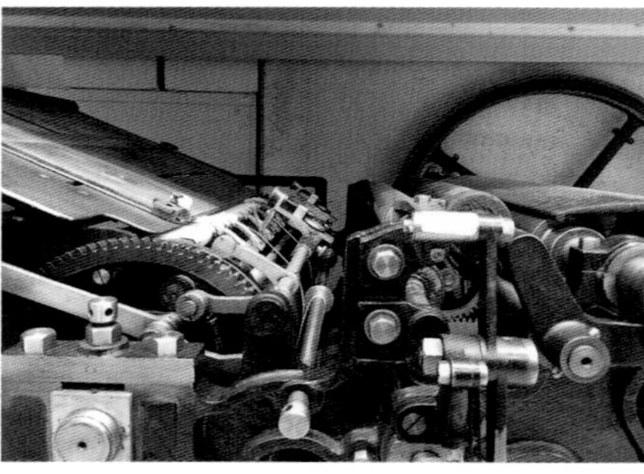

11

Das Grafische Viertel in Leipzig vor dem Ersten Weltkrieg
Standorte des Buchhandels und der grafischen Industrie

Im Jahre 1912 gab es in Leipzig:
300 Druckereien und Setzereien
982 Verlage und Buchhandlungen
173 Buchbindereien
298 Grafische Anstalten
36 Maschinenbaufirmen für die Druckindustrie

Buchhändlerhaus und Buchgewerbehaus
Heutiger Standort der Deutschen Nationalbibliothek
(ehemals Deutsche Bücherei)

9

12

10

13

漫步校园中，了解到两百多年来，多位重量级的设计界学者在莱比锡平面设计及书籍艺术学院执教，如当代代表画家辛劳赫等。学院也培养出许多该领域的杰出艺术家，如德国著名的绘画艺术家、漫画家格哈布林克曼，德国广告片及动画片的重要开拓者汉斯费舍尔可森等。学院经由中国学者将正统的设计教育理念带向中国。我国知名平面设计学者余秉楠教授，曾作为新中国成立后的第一代留学生，在学院深造学习，他也是第一位在国外获得艺术设计硕士学位的中国人。

余秉楠教授 1962 年以优异的成绩毕业并获得硕士学位回国，开始为推进中国艺术设计事业的发展而努力工作。他创制的“友谊体”曾获得“德国当代最佳印刷字体奖”，后来在德国应用中被称为“中国字体”。1963 年，这套字体作为国礼赠送给中国文化部，德方把“中国字体”的铜模和铅字转交给中国大使。如今，这套字体已经被英国和德国两家字体公司数字化。2010 年开始，余秉楠亲自指导这套字体的数字化工作，“友谊体”将以“方正秉楠体”的名称与中国用户见面。

20 世纪 80 年代，余秉楠教授就因其在平面设计和教育领域中的杰出成就与贡献，成为中国乃至亚洲获得德国“谷登堡”终身成就奖的第一人。这一奖项在国际上享有无比崇高的地位，每年评选一次，由德国莱比锡市政府颁发给世界上一至两个在书籍艺术设计领域有特殊贡献的人士或集体。国际平面设计师协会前主席石汉瑞（Henry Steiner）、国际平面设计社团协会（ICOGRADA）前主席皮特 · 罗伯特（Peter Robert）等国际同行都盛赞余秉楠打开了世界了解中国设计的大门。余秉楠是中国与国际设计领域之间相联系的桥梁，他所起的作用是无法替代的。

凭借其在专业领域里的杰出成就和广泛的国际影响力，余秉楠成为第一位国际平面设计师协会（AGI）的华人会员、第一位国际平面设计社团协会（ICOGRADA）的华人副主席。现在，他不仅在清华大学美术学院任教，也同样在莱比锡平面设计及书籍艺术学院担任客座教授，更为中国的设计走向世界而尽心竭力奔走，影响了一大批日后卓有成就的中国当代设计师。当下的中国平面设计，已经逐渐开始在世界舞台上崭露头角，我想在某种程度上，的确是源自这所国际顶尖书籍设计学院所传达的设计精髓，以及苛求完美的严谨治学态度。

Leipzig 2015.03.14

梦想，零距离

——莱比锡之旅观感

张璎
中国上海书籍设计师
2000 年起从事书籍设计
现任职于上海人民美术出版社图书编辑
《珍藏·上海连环画系列》整体设计
荣获：“第六届全国书籍装帧艺术展览及评奖”优秀作品奖
第六届华东书籍设计双年展 整体设计二等奖
任责任编辑的
《2010—2012 中国最美的书》
荣获：2013 年度“中国最美的书”
2014“世界最美的书”荣誉奖

张　璎　Zhang Ying

ZY

1 德国莱比锡书展开展前的“世界最美的书”展台

3月，当我踏上汉莎航空的舷梯时，忽而一份沸腾的激情涌上心头。或许是一个梦想、一份期盼，似乎就在前方……我们一行四十多人怀揣着崇敬、虔诚的心情来到了书籍设计的圣地——莱比锡，好比“麦加朝觐”，走向这个神圣的地方。

与莱比锡的邂逅

早在十多年前刚进入上海人民美术出版社的时候，我就从事书籍设计的工作。老前辈陆全根老师曾和我多次谈论起每年在德国莱比锡举办的“世界最美的书”的评选活动，当时觉得这件事离自己是那么遥远，而如今自己就身处德国莱比锡“世界最美的书”的会场，就像是一种“幻觉”。

1959年，上海第一次参加国际性的书展——德国莱比锡国际书籍艺术博览会。1989年5月5日至6月11日，在德国举行的“莱比锡国际书籍艺术博览会”上，中国国际图书贸易总公司送展150本图书，最终获奖作品达12种（在56个获奖国家中居第13位），其中上海作品4种，占中国获奖作品总数的1/3。特别是当时上海送展的《十竹斋书画谱》受到国际评委的高度评价，展会方特设了“国家大奖”授予此书。曾经的辉煌，让所有的书籍设计者备受鼓舞，但是这些年来“莱比锡国际书籍艺术博览会”仿佛和我们“失联”了。

2003年，在上海市新闻出版局祝君波副局长的推动下，“中国最美的书”重返莱比锡。2004年，由张志伟、蠹鱼阁、高绍红设计的《梅兰芳藏戏曲史料图画集》获得当年“世界最美的书”金奖，而每年莱比锡“世界最美的书”奖项只设14个名额，这对我们所有书籍设计者来说是一种莫大的激励。之后，上海每年都有图书送展，像《诗经》《不裁》等佳作更是亮相莱比锡的舞台，并获得嘉奖。

与此同时，上海人民美术出版社也给予我机会，让我在2013年有幸参加了《2010—2012中国最美的书》的图书编辑工作，该书获得了2014年“世界最美的书”荣誉奖。

“世界最美的书”来之不易

德国莱比锡“世界最美的书”的评判标准主要有四点：一是形式与内容的统一，文字与图像之间的和谐；二是书籍的物化之美，即质感与印制水平的高标准；三是原创性，鼓励想象力与个性；四是注重历史的积累，即体现文化传承。

每年都有600~800本图书参加“世界最美的书”的评选——它们都是各国图书的“精粹”。每一届“世界最美的书”都设金页奖及金、银、铜奖等14个奖项，由七名国际评委以公开投票的方式决定，同时在“莱比锡国际书籍艺术博览会”上展出并颁奖。每年，德国图书艺术基金会都会安排这些获奖图书在 1~2 个国家进行巡展。莱比锡“世界最美的书”的奖项代表了当今世界图书设计界的最高荣誉。

在我编辑制作《2010—2012 中国最美的书》这本书的过程中，我深刻地体会到“没有随随便便的成功”。

一种缘分让我们有幸约到了著名图书装帧设计师刘晓翔老师来为此书做书籍设计。为了将图书的二维和三维空间更好地以平面纸媒的形式展现给读者，我们先将六十余本获奖图书的正面、侧面、立面及翻阅、内页等进行了整体拍摄，每本图书都拍了二十余张照片。当刘晓翔老师拿到这些影像资料时，他更希望“近距离”地感受这些获奖图书。于是我们又将这六十余本图书寄到了他在北京的工作室。刘老师在设计的过程中，又补拍了一些能够展现图书细节和体现书装魅力的照片。为了让读者能更为直观地感受到获奖图书的质感，他更是将每本书的厚度、重量（他特地去菜场买了个磅秤为每本书称重）、开本尺寸、所用材质的比例等做了详尽的分析和数据罗列。难得有设计师为了一本作品集的设计创作能进行如此烦琐细致的考量（见图），刘晓翔老师做到了。这些数据，正是我们这些文字编辑和美术编辑不曾想到、却最想知道的图书细节。《2010—2012 中国最美的书》整书的装帧为精美的布面和“拉开式”折页设计，这样能够更好地展现“中国式”的书卷气。当这样的初稿呈现在我们面前时，我们在惊讶之余，只有激动。此书也当之无愧地获得 2014 年“世界最美的书”荣誉奖。

2 《2010—2012 中国最美的书》获得 2014 年“世界最美的书”荣誉奖

3 《2010—2012 中国最美的书》的设计概念是获奖作品的画卷和长廊

4 《2010—2012 中国最美的书》的获奖书籍信息表

莱比锡文化之旅

这次，我很荣幸受到上海市新闻出版局的邀请，来到梦寐以求的书籍设计圣地——莱比锡，参加 201 年“世界最美的书的颁奖典礼及“莱比锡国际书籍艺术博览会”。同时，我们还参观了柏林最大的书店、莱比锡平面设计及书籍艺术学院、莱比锡国家图书馆、揽克的印刷公司等。

三天的时间内，我尽情地徜徉在“莱比锡国际书籍艺术博览会”之中，收获满满：参加了“莱比锡国际书籍艺术博览会”中国上海馆开幕式，开幕式上，上海市新闻出版局副局长祝君波与德国图书艺术基金会签署了“‘世界最美的书上海行”合作协议；参加了“中华书韵艺术论坛（吕敬人老师、周晨老师、陈楠老师和俞颖老师均做了精彩的发言

2

3

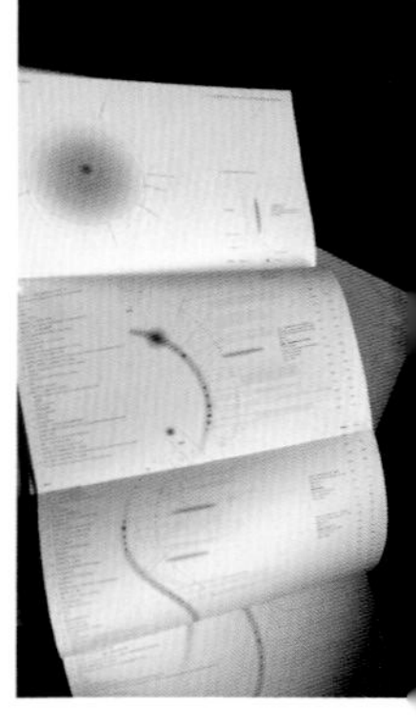

4

和中欧书籍设计家论坛“东西方的相遇——图书设计的演化”（吕敬人老师及德国图书艺术基金会主席卡塔琳娜·黑塞女士做了发言，祝君波副局长做了“世界最美的书在中国”主题发言）；观摩了“世界最美的书”颁奖典礼……一切都让我激动万分。

在参观书展的同时，让我感触颇深的是，与国内书展以售书为主要形式的氛围相比，莱比锡的书展融入了更多的“可以把玩”的纸媒元素。有木活字 DIY 的小书签，有木版印刷的明信片，有纯手绘的小卡片和笔记本，更有现场拓印的画作……每一件都是独一无二的作品（见图）。书展上，美妙绝伦的手工书更是比比皆是，且都是限量供应。显然，德国人对于传统的印刷工艺及手工作品非常崇尚，他们将纸媒更多地定义为工艺品或艺术品。于是，我很想对他们的印刷术一探究竟。怀着这份好奇，从莱比锡回来后，我专门对此进行了一些粗略的探究。

莱比锡的印刷术

谈到西方的印刷术，它的鼻祖谷登堡是功不可没的，他在五百多年前发明了现代印刷，而德国正是谷登堡的故乡。印刷术可以说是世界文明史上最重要的发明之一，它标志着人类掌握了文字信息的大批量复制技术，开始了信息的批量生产，从而使知识、思想、宗教、文化有了传播的载体，为更多的人提供了受教育的条件，更使各种典籍得以广泛传播并流传至今，对世界的科学文化及文明进步起到了巨大的推动作用。

谷登堡对印刷术的贡献主要表现在三个方面：

1. 活字材料的选择和制造

谷登堡鉴于制小号的木活字有困难，他遂选用金属材料，主要是含锑的铅锡合金（加入锑可以提高活字的硬度），并确定了三种金属含量的配比。

2. 印刷设备的研制

谷登堡在欧洲压榨葡萄或湿纸所用的立式压榨机的基础上，改制成世界上第一台印刷机。其机器采用压印方法（与雕刻版的刷印方式有所区别），为木制。底部座台上固定已排好字的活字板，上面的压印板通过铁制螺旋杆加以控制，可上可下。螺杆下有拉杆，以人力推动，得到印刷时所需的压力。用包以羊毛的羊皮软垫蘸墨，将墨刷在活字板上，再铺上纸，摇动螺杆拉杆，通过压印板压力即印出字迹。

3. 油墨的制造

与木版雕刻印刷使用水墨相比，金属活字对水性墨的适应性很差，因此必须使用新的着色剂，谷登堡选择了油性墨的制造。其制作方法为：将亚麻仁油煮沸，冷却后呈暗黑色，以少量蒸馏松树脂得到的松节油精与炭黑搅匀后，放置数月即成适用油墨。

据日本人庄司浅水统计，从 1450 年谷登堡活字技术研究成功，到 1500 年的半个世纪内，印刷厂已遍布欧洲各国，共计约 250 家，出书达 2.5 万种。如以每种印量 300 部计，则欧洲在这 50 年间，印刷金属活字本书籍达 600 万部（庄司浅水：《世界印刷文化史》，1936 年）。

在 21 世纪的今天，德国的图书业依然是世界的领导者，它对于传统文化理想、传统印刷技术、传统手工工艺是有足够的尊重以及良好的传承的。当我们来到莱比锡平面设计及书籍艺术学院参观学习后才发现，原来他们更多地教授学生用传统的方法表现作品。每个学生都有机会来当一名印刷工、装订工、木刻工……比起书本的学习，他们更加注重对传统的认识和实践，通过不断的实践来掌握技术，从而获取他们想要表现的艺术效果。偶尔在莱比锡平面设计及书籍艺术学院的一个楼面拍到了这堵墙，或许这更加充分地展示了学生们的艺术表现力（见图）。

再见莱比锡

从莱比锡回来已经一个月了，我时不时地还会翻看当时的照片，回味当时的场景，似乎觉得它——莱比锡离我们并不遥远。中国的图书发展越来越受到重视，图书发展的明天应该也是越来越辉煌。个性化的纸媒、精品化的图书越来越多地呈现在我们的面前。而作为一名“做书匠”，让我又回想起吕敬人老师说过的一句话：“纸质书只有发挥其物化的阅读潜质，创造出纸质载体带来的视感、听感、嗅感、触感的阅读愉悦，才有其生命力。”让我们来共同维护书籍的生命力吧！

5 莱比锡书展上油墨与印刷展现场
艺术家利用油墨和纸张创作的字体与设计印刷作品

6 每个印刷与设计爱好者都可以现场创作自己的作品

参考书目：

1. 罗树宝：《关于中国印刷术传入欧洲几个问题的探讨》，载《中国印刷史学术研讨会文集》，印刷工业出版社，1996 年。

2. 潘吉星：《中国、韩国与欧洲早期印刷术的比较》，科学出版社，1997 年。

5

石头，刻刀，键盘
——莱比锡书展游记

周祺
自由撰稿人、设计师、插画师
“上海风景”工作室成员
《上海杂货铺》《新民晚报》
夜光杯“上海杂货铺”专栏作者
现工作与生活在上海

周 祺　Zhou Qi

ZQ

石头

这是我第一次去欧洲，很庆幸这第一次去的是莱比锡，还是参加书展。平日里只要是出门，哪怕只有半小时的路程，我都会带上一本书，更何况从上海到莱比锡，要先坐 11 小时的飞机途经法兰克福转机，再 1 个小时才能抵达。这次我带的是杜拉斯的《物质生活》。在决定带这本书之前，我同时还在读很多本书，有的是工作需要，有的是作为娱乐。阅读于我，自儿时第一次摸到童书之后，几乎从未停止过。在那么多书里，唯独选了这本带走，这一小段或许正是对我胃口的原因：“它不是每日新闻，与新闻体裁不相涉，它倒是从日常事件中引发出来的。可以说是一本供阅读的书。不是小说，但与小说写法最为接近——当它在口述的时候，那情形很是奇异——就像日报编者写社论一样。”我们做一本书，大抵也是如此吧。就好比是将许许多多零散的素材组合起来，集结成册。设计师的工作对我来讲，也就如同杜拉斯这本书一样，是对琐碎进行的拼贴。20 世纪 80 年代出生的我们，尚且还有儿时拿着小石子在墙上、地上涂抹的记忆。在不识字的情况下，这种涂抹作为一种载体，传递了幼年时期我们所想表达的真实和幻想。年纪稍长一些，我们便开始用铅笔、钢笔、毛笔日日夜夜反反复复地抄写着汉字，以此为今后扩大阅读范围和获取更多书写的表达方式而做着准备。在从识图到识字的过程中，印刷已经频繁出现在我们的日常生活中了。原本可能难以或根本无法彼此交流的人们，经由印刷字体和纸张的中介，变得能够互相理解了。

1

1 2015 年莱比锡书展上的中国上海馆

在 2011 年开始从事自由撰稿工作之前，我就已经通过妹尾老师的《窥视欧洲》动了前往之心，再经由一位在德留学的朋友讲述当地的所见所闻，对莱比锡书展我就特别期待和好奇。这次终于有机会来到欧洲，目睹这场由书组成的盛宴。特别值得纪念的是，2015 年也是“中国上海馆”首次参展。

刻刀

在中国上海馆所在的第三展厅里，我还匆匆路过一个出售地球仪的展位。偏好地图，不仅是因为小学、初中时，老师把地理课上得生动有趣，更是因为刚识字就开始跑图书馆的我，早早地便意识到可以通过一个地方的地理环境、气候联系到当地的风土人情和人文面貌。莱比锡作为德国东部地区的第二大城市，在 15 世纪初成立了莱比锡大学，开始成为出版业的中心。1481 年，第一本活字排版的书在此问世。作为 1838 年建立的德国第一条长途铁路的终点站，莱比锡成为中欧交通的

2

3

要道，也为其图书的进出口贸易提供了便利。如今在莱比锡，各类图书馆就有 250 家，其中，规模最大的德意志国家图书馆（Die Deutsche Nationalbibliothek）收藏了自 1913 年以来出版的所有德文图书。即使是战争时期，莱比锡也基于地理位置的原因而幸免于难，将德国的贵重文献资

料保存了下来，难怪莱比锡还有“书城的别称。参观过德意志国家图书馆的一展厅之后，也不难想象五百多年前的这城市里书店林立、出版业一片繁荣的场用沪语来讲就是：此地吃足了墨水。

莱比锡书展（Leipziger Buchmesse）源于 19 世纪初，是德语地区书业界春季最为重要的活动。书展拥有五互相连通的展厅，根据墙上的标志引，结合在各个服务点领取的场馆地（Messekompass），便能找到想去的位。也可以先看地图，再决定想要去的区。即便不识英文或德文，也可以事先喜欢的作者、出版社、出版年份等信息下来，到服务台进行咨询。当然，随心欲地到处逛逛，也会有所收获。至少可在第二展区给家里的小孩儿买一本《小子》，无论是展架装饰还是参展的书籍文具、玩具等周边产品，都为大人和孩制造了一个乐此不疲的童话王国。

游走在这个玻璃大房子里的时候，我经看到一个中世纪工匠打扮的大胡子叔过道天桥上、展区和餐厅里，不止一次遇到，且非常眼熟。起初还以为只是第展区里那些 COSPLAY 少男少女们的同终于，在“最美的书”颁奖典礼之后，竟然在附近发现了这位叔叔的工作现那是一个再现出来的印刷工坊，他系上裙，走到一台老式的印刷机前，将三块铅铸的活字或花纹雕版组成的木盒，按后顺序在印刷机上排列整齐，然后在相的区域依次刷上红色、黑色、蓝色的油一边娴熟地操作，一边还滔滔不绝地对前来看个究竟的两个年轻人用德语解说

个流程。直到他把油墨上好，转动滚轮，模板上的字和花纹完整地印到一张毛糙草纸上，这时才注意到我，于是立即对两个听得入神的年轻人笑笑，将德语切成了英语。这时我才恍然大悟，他不就约翰内斯·谷登堡”吗？他负责在书展间，一遍又一遍地印刷书籍的内页，虽印刷过程也就用了 5 分钟的时间，但备工作花了很长时间，从铅字和花纹铅的雕刻，再到排版、油墨的调制、纸张选材，都要细心准备好，才能使印刷畅无阻。最终要顺利地做成一本书，还需等油墨晾干后再拿去装订、压平。每次示完之后，他都会将这页印刷好的纸挂身后的绳子上出售。

了夺人眼球的这台大印刷机以外，这个位里还摆放着两种不同字体的英文和数铅活字、各种式样的花纹花边、三色油等与印刷有关的产品出售。在谷登堡展边上，还有个圆盘机（又称手动活版印机，用于印刷名片、明信片等小面积的刷品），免费提供给参观的人来亲手尝印制一张明信片，小巧的造型和有趣的案吸引了不少家长带着小孩儿来玩。参莱比锡平面设计及书籍艺术学院的众多作坊时，看到具备不同功能的教室里，放着相应的印刷工具。铅合金，石板，刀，油墨，调和剂，各种雕版，凸版、版、平版印刷机等等，墙上和桌面上还着写有各种机器和用具的使用规范的纸，说明和强调了在操作时要注意的事项。处可见德国人严谨的工作态度，以及此对于学生的设计基础教育和实践操作的视。

4

2 莱比锡书展上谷登堡和他的印刷机

3 谷登堡边上的圆盘机

4 莱比锡书展展厅里用圆盘机印明信片的一家人

5 第三展厅里的地球仪展位

从印刷产业的角度看，铅字是整个过程中最小的单位，由它开始，构成一个个版面，最后集成书册。在 2014 年跟随姜庆共老师为《上海字记》一书的写作而采访姚志良老师（刻字工，1932 年生于上海，1958 年自创“姚体”，又称小姚体，现退休）时，姚老师曾拿出以前刻字用的刻刀给我们看。由于中文字的数量繁多，20 世纪 50 年代，这些会刻字的老师，要排日夜班来保证报社一直有人，因为时不时会接到根据当时报社的需求来临时刻写一些非常用字的任务。现在印刷工业越来越

5

发达，但特殊印刷需要花费很多钱，且效果较难预测，很多人感兴趣但是不知要如何印刷。即便是专业设计师，也不是每个人都了解详细的技术，因此在日本还出现了专门的“印刷顾问”这样的职业。与此同时，各地的设计师们也越来越需要同各种专业领域的人沟通和共事，以便达到最佳效果。

键盘

在加入上海风景工作室并于 2013 年出版了《上海杂货铺》一书之后，我便越发积极地关注起身边的日用品来了。尤其是到了一个完全陌生的城市时，我会条件反射般地去周围的杂货店、便利店、超市逛逛，作为了解这个地区的第一步。虽然货架上摆放的各色商品不动声色地呈现在我面前，我却好像已经开始渐渐地与这个城市建立起了某种联系。杂货，对不善言辞的我来讲，隐约也起到了一些文化交流的作用。到莱比锡来的这几天，除了去书展，我一有空就会溜达进住所周围的小店铺里，可能是受到妹尾河童“窥视”系列影响，即便只是逛个超市，都好似进了当地人的厨房，打开了他们的冰箱，坐在他们的客厅里一样。由于我每次都是早上抽空去看一眼，所以店不是关着门，就是没有什么顾客，店员也就一两个，所以几天来，我都没和当地人说上话。我只是发现这些店铺里园艺产品特别多，公鸡样式的信箱，给蔬果种类做标记的小木板，各种做篱笆用的材料，草编的提包和放面包的餐盘，放在园子里做装饰用的各种小动物形象的模型，节日里挂在树上的彩灯，等等。想必当地人很注重家居生活，且以打造一个舒服美观的园圃为乐吧。我也就如此想象着走过一排排货架，店铺门口堆放的一件件杂物，就好比是同莱比锡北部的这个小镇愉快地聊起天来。可惜我还不太习惯用微信，所以无法第一时间将这些分享给远在国内的朋友们。只好放慢速度，等回到家里才能定心地敲击键盘，来完成这篇文章与大家絮叨彼时所见所思。

6 莱比锡平面设计及书籍艺术学院的书籍艺术系学生作品

7 莱比锡平面设计及书籍艺术学院印刷工作室

8 莱比锡平面设计及书籍艺术学院印刷工作室

9 莱比锡平面设计及书籍艺术学院印刷工作室的铅字

通过这次莱比锡之旅，再结合自身的撰稿和设计工作，我感觉到设计师是需要持续不断地从日常生活中获取知识和养分的职业。就像开篇时所提到的那样，平日所见所闻都是现成的材料，设计师的工作就是对这些材料进行整理、编辑、组合，再运用到有着不同要求的项目中。据说近来国外艺术、设计类专业的学生流行在毕业后再进修一下厨艺，仔细想想，两者果然有很相似的地方。只是设计师和厨师一样也各有自己的喜好，口味不一，即使是同一菜系的厨师也不可能追求做出同样味道的菜来，书也如此。

作为一名年轻且稚嫩的设计师候选人，我仍然非常期待向国内外优秀的设计师以及各方面的专家学习。如果下次再去欧洲旅行的话，我想可以坐坐他们的地铁和公交车。落雨也好，天晴也罢，都要悠悠地转进街边的小咖啡馆，笃定地喝一杯。当然身边还是少不了一本对胃口的书。既然只须作者点击“发送”就可以自动进入出版社的审核系统然后分配给不同的设计师来设计排版再进行印刷和发行的技术平台还有待发展，那就让我们继续享受这来之不易的书本所带来的喜乐吧！

1 1

6

7

8

9

有钱，任性！

董伟
上海麦怡企业发展有限公司设计总监
唯集网络科技（上海）有限公司
设计总监
参与“中国最美的书”十周年系列活动
整体设计
参与“上海书籍设计十人展”系列活动
整体设计
《上海书籍设计师作品集》
荣获 2014 年“中国最美的书”奖
《上海体育年鉴 2013》荣获第五届
年鉴编纂出版质量评比综合一等奖
参与“中华书韵”德国莱比锡书展
系列活动的整体设计

董　伟 Dong Wei

DW

德国莱比锡，自从事书籍设计工作以来，这个名字就无数次地在眼前晃过，在耳旁响起，在脑海中回荡。这次作为中国出版设计家代表团的一员来到莱比锡图书博览会，能够近距离地看到、触摸到欧洲乃至世界最美的书，兴奋之情无以言表。18小时的旅途，两天紧张的布展工作在期盼的心情中很快就过去了。

莱比锡图书博览会是独具特色的图书展览会，以教育类图书、青少年文学、视听读物和面向儿童的幽默漫画读物为主。漫画图书展区非常受欢迎，总是非常热闹，已经成为德国漫画迷的聚集地。它的另一大特色就是每年来自 30 多个国家的近 00 种图书汇集到这里，角逐“世界最美的书”的奖项。这是图书界的“奥斯卡”，是无数书籍设计师努力的目标。

这里聚集了一批热衷于传统印刷工艺、手工书、插画艺术的艺术家和出版社。出版社不是很多，展位也不大，书的品种也很少，但大都很有自己的特色。出版社的构成很简单，有的出版社甚至只有一个人，这在中国是无法想象的。他们做的书大多是小批量、个性化的，印数普遍很少，有的甚至是孤本，但每本都倾注了设计师的满腔热情和无限创意。也许正因为如此，那些书也非常昂贵，有的薄薄几十页纸也要卖到几十欧元，甚至上百欧元。但他们似乎并不在乎是否能够卖掉。当我把书捧在手上认真地翻阅，简单地和他们交流几句，送上几句赞美之词，他们就会露出很满足的神情，那一刻我能感受到他们心中的喜悦，一种被认同的激动。看得出他们做得很开心，也很投入，做书对他们来说就像是一次艺术创作。他们愿意花一年、两年，甚至五年、十年去完成这样一件作品，不满意就推倒重来，把自己对文本的理解和创意充分地表达出来，这一点是我们很难做到的。我们一年可能要设计几十个封面，排版几千页图文，和他们相比，我们更像是一台台机器，不断地做着来料加工的事。有个德国人非常惊讶，更不理解我们为什么要做那么多。我告诉他：“因为你们有完善的社会保障体系，根本不用担心生存的问题；我们不做就没有办法生活，它是我们的事业和追求，但同时也是我们赖以生存的手段。”出于各种各样的原因，在每年做的那么多书中，其实

1

2

1 飞往德国的飞机机舱外的连绵雪山

2 中国设计家和乌塔女士的交流

自己真正满意和喜欢的屈指可数，大部分只是为了生活而完成的工作而已。我们在各种要求、各种限制、各种压力面前往往最终选择妥协，因而根本谈不上什么好的设计。唯有当遇到自己喜欢的选题，并且没有条条框框来限制你，可以让你自由发挥的时候，才可能做出完美的作品。

回到设计上来，欧洲的设计整体还是以简约为主，他们的书大多没有花哨的外形、复杂的工艺、昂贵的材料。一方面可能受制于他们的经济状况，不会花大把的欧元在印制上；另一方面我理解为他们更注重书的内容。他们将大量的时间和创意用在研究文本内容上，考虑如何通过设计来提升文本的内容，字体、字号、颜色的选择和排列都紧紧围绕文本的内容展开，张弛有度、节奏的变化都体现出设计师对书籍本身内容的解读，从而使读者更好地理解文本，与作者产生共鸣。历年“世界最美的书”获奖作品中都有这样的作品，2015 年更是如此。我们的书籍设计往往只停留在花哨的封面和复杂的装帧形式上，用一位同行老师的话说：“这些获奖作品的封面在中国任何一家出版社都不会被通过的。”虽然这个话听起来有点夸张，却是事实。出版社对封面是很看重的，恨不得把整本书想要表达的内容都体现在封面上，往往只要求设计师把封面设计得好看点“大气”“时尚”“抢眼”“特别”等词汇是最为常见的要求。而将内容交给排版公司之后，排版公司根据经验或统一的规范机械化地将文字和图片进行排列组合，完全不会考虑字体、字号、版心等与内容的关系，造成内文的排版千篇一律，甚至就是简单的图文堆砌，毫无设计可言。整体设计的缺失，必然造成图书品质的缺失。正如吕敬人老师所说：“书籍之美不在于其外在书衣有多么耀眼亮丽，要改变只图吸引人眼球的装帧观念，好看的书一定注入丰富的设计内涵，叙述生动，结构新颖有趣有益，通过眼视、手触、心读，给读者带来联想和诗意的阅读享受。”

3

4

科技的进步使得世界越来越小，打开互联网，我们几乎能找到这个地球村中所有的资讯。过去每每看到欧美的设计，不禁会赞叹“设计还能这么玩”，于是把欧美的设计奉若神明并加以学习模仿。事实上，现如今我们的设计水平与欧洲的差距并不大，差距主要还是体现在市场上。市场对设计的认识和需求决定了我们的产品最终呈现在读者面前的形态。有钱，固然能给设计增添光彩；任性，也是设计师的自信使然。当我们有了这些条件，如何既满足市场的需求，又不被市场绑架，这是每个设计师应该认真考虑和探索的。每个国家、每个民族都有具有自己特色的东西，在学习西方先进的设计理念和方式的同时也要注重民族文化的传承和发扬。好的设计，不管用的是西方的设计理念，还是东方的表现形式，只要贴合文本内容、方法得当，它就一定能被市场所接受和认可。

2014 年和张国樑老师合作设计的《上海书籍设计师作品集》有幸获得“2014 中国最美的书”称号，是对我多年来努力的一种回报，也是鼓励我继续从事书籍设计的动力。2015 年又有幸和众多同行前辈一起来到莱比锡，和欧洲的设计师交流，是我最大的收获，知道了自己的不足和努力的方向。盼望有朝一日，自己也能“有钱，任性”一把！

7

8

5

6

3 看似平淡无奇的 2014 “世界最美的书”

4 莱比锡市中心墙上的瓷砖画

5 莱比锡图书博览会的另一道美丽风景——Cosplay

6 这也许是莱比锡唯一的快店

7 文化就像树枝一样将过去与现在交融在一起

8 现场手绘记事本和插画

飘浮的书香暖意
——浅谈莱比锡书展之设计

卢 晓 红 Lu Xiaohong

卢晓红
1992 年毕业于上海大学美术学院
同年进入上海地铁广告公司
从事设计工作
现为华东师范大学出版社设计师
《全国新概念作文大赛》在华东
书籍设计双年展中获二等奖
《诗建筑》获“中国最美的书”奖

L Xh

Book
Design
2015
16

月初，我有幸跟随“中华书韵”中国出版设计家代表团出访德国，参加莱比锡书展的中国馆活动，其间参观了莱比锡平面设计及书籍艺术学院，体验了古老的莱比锡图书馆，真切感受到了欧洲出版基地的风采，并在随后的日子里渐渐地被书展内飘浮的文化气息所吸引。

1

2

3

4

比锡书展很专业。走进展馆，扑面而来的是浓浓的书香味。步其中，没有任何的拥挤感，全场布局大气、设计别致，不不慢的参观者或轻声交谈，或驻足阅读，到处洋溢着暖暖的意。

展占地很大，通道非常宽，每个展位规划合理，大小、间隔一而有变化。与国内书展相比，莱比锡书展的空间感更加突，尺度也较大。就算标准展位，也是按空间比例来放置书籍，人看了感觉不杂乱，重点突出，分类清晰。书展整体色彩以白为基调。一些主题出版社非常有创意地展示了他们的风采，色彩、造型，在统一的大格局中犹如花朵般绽放出来。

国上海馆是我们此行的第一站。环顾展区，面积不大，但胜精致。尤其是中间橱窗的陈列，或躺或站的“中国最美的”，看似随意摆放，却是精心所为。灯光设计更是为陈列的籍锦上添花，展品的设计细节在柔和的光线下全方位展现。

1 莱比锡书展期间中国设计家参观莱比锡平面设计及书籍艺术学院
2 莱比锡书展悬挂的彩旗
3 莱比锡书展风格迥异的展场
4 莱比锡书展风格迥异的展场和插画

我们体会到了中国书籍设计师的思想与创意，也看到了现代感和中国元素相结合的构思，大家都在心里为他们叫好！

“世界最美的书”展区就在中国上海馆旁边，展位设计非常大气。它有环形的展架墙以及纯白的基调，配合悬挂横幅和主席台上方的大型投影屏幕，协调而又层次丰

5 2015 年莱比锡书展上的中国上海馆展出的“中国最美的书”

6 2015 年莱比锡书展上的中国上海馆展出的“中国最美的书”和插画

富，极具设计感。布展过程中，随着各国“最美的书”上架，展位渐渐生动起来，好像时装模特儿款款走来，表情丰富了，饰品也灵动了。此外，“世界最美的书”展位内的桌椅设置也是设计师的贴心考虑。因为是开放的展示，所以有桌椅就很合适，坐着慢慢翻看、品味，才是展示的目的。我也在这里体验了一下阅读的乐趣。世界各国的最美图书汇聚一堂，令我大饱眼福。

我很喜欢其中一本叫《咪咪和丽莎》的童书。封面很精彩，你可以通过画面的细节来知晓主人公的情况：两个不同肤色的女孩勾肩搭背，神情可爱，画面上方的标题前后交错，与两个女孩彼此呼应。最为巧妙的是，标题 Liza 的颜色与黄发女孩的整体色彩相对应，可想而知她一定是 Liza，那么 Mimi 就是黑发女孩了。封面的构思令我耳目一新，画面的色彩搭配也是极有素养，可以说，这样一本童书若是放在书店，一定吸引读者的眼球。

除了童书，一般图书的设计也各具特色。在波兰“最美的书”展架上，我对两本色彩单纯、印制精美的图书欣赏不已。就拿图 10 橘红色图书来说吧。此书以文字作为封面构架，用字体的大小布局来增加画面的节奏感，整体点线面合理，穿插到位，设计感极强。这样的风格，在国内图书市场并不多见，因为极简设计除了需要设计师的功底，还要配合后期的印刷装订，才能显现图书的高级与专业。我们力求完美，但我们更要适应状。一本书的成书过程，好比一个运行着的小宇宙，职责明配合默契。好在如今的图书编印环节比之前更规范合理，设师的不少想法在后期也能完美配合，好书越来越多。

莱比锡书展给我的启示很多。我在感叹展馆整体合理布局的时，也为展位的精心设计所折服。而各国“最美的书”的展也为书展增添了亮点，成为书展的一大特色。莱比锡这个欧出版基地果然名副其实。

2015 年 4 月 29 日

7

8

9

10

7 莱比锡书展
“世界最美的书”
展场

8 莱比锡书展
风格迥异的
展场

9 《咪咪和丽莎》
Mimi & Liza

10 莱比锡书展
“波兰最美的书”

Leipzig 2015.03.15

真诚地做书，感觉真好

赵晓音
少年儿童出版社编审、美术设计室主任
中国美术家协会会员
上海出版工作者装帧艺术委员会委员
英国斯特灵大学短期访问学者
主要从事书籍设计和绘本创作
作品获
“国际儿童读物联盟
儿童图画书插图作品奖”
“冰心儿童图书奖”
全国书籍装帧艺术奖最佳作品奖
银奖等国内外各种奖项
插画作品多次入选全国美术大展和
上海小幅油画展

赵 晓 音 Zhao Xiaoyin

Z Xy

3 月的莱比锡，阴冷得很，有时有雨，有时夹雪，路上行人甚少。尤其是晚上，七八点已漆黑一片了。有时坐在回宾馆的车里会想，这里的人哪儿去了？是否都窝在温暖的沙发里，就着温暖的灯光读一本温暖的书呢？

1

莱比锡，素有“书城”之美誉。早在 15 世纪初，这里已是德语地区的出版印刷中心。1481 年第一本活字排版的书在此问世，五百多年来，这里一直是德国印刷出版业中心。莱比锡平面设计及书籍艺术学院是德国历史最悠久的艺术院校之一，也是最早开设书籍设计专业的艺术学院。

自 1914 年以来，莱比锡每年定期举行国际书籍展览会。书展的一个重中之重是“世界最美的书”评选。每年会从全球三十多个国家和地区的几百件参评作品中选出 14 件作品，授予“世界最美的书”称号。德国莱比锡“世界最美的书”评选，代表了当今世界书籍设计艺术界的最高荣誉。

3 月，与“世界最美的书”亲密接触，原先感觉遥不可及，现在，它就在眼前。对书籍设计师来说，莱比锡不是一个可有可无的目的地，它是前方的一盏灯，代表着书籍设计的高度、目标和动力。因为主要设计童书及从事绘本的创作，我不自觉地就比较关注童书的设计和绘本的情况。

1 莱比锡书展上的绘本异彩纷呈风格多样思维活跃形式不拘一格

2 3

2 2015
“世界最美的书”
铜奖
4 *Motion*
Silhouette
3 莱比锡书展
上的绘本
4 莱比锡书展
上的绘本
5 莱比锡书展
上的绘本

2015 年“世界最美的书”中有一本日本工作室的绘本《Motion Silhouette》得奖，留意一下各国选送的作品中也不乏绘本的影子。它们大都个人风格强，手法多样，版画和黑白素描的形式比较普及，以一种活泼、轻松的形式呈现。

可能和版画的欧洲渊源有关，东欧国家的绘本以版画形式表现的较多。传统的套色木刻，单纯，有力度，人物造型稚拙朴素，线条流畅，画面丰富，很有趣味性。展会中也有好几个展台会不定时进行手工版画印制的演示，吸引许多人驻足。

黑白画风也值得一提。有相当数量的绘本和插图是黑白或以黑白为主色调的，整体感觉和亚洲，特别是流行的日韩风迥异，感觉更沉静，文艺气息更足些。得奖的绘本《Motion Silhouette》也是以黑白剪影图案为主，运用光影变化产生不同的艺术效果。

童书的设计一如既往地明快，舍弃了许多工艺和材料，使用的元素简洁单纯，视觉效果醒目。配合印刷的温润丰富层次，纸张的柔韧手感，特别棒。较之于国内少儿图书的市场设计要求还是有相当差异的。

值得关注的是独立出版的现象。在展会中，独立出版者占有相当的数量。相当一部分设计者打破传统艺术语言的图式，往往用廉价、朴素等多样化艺术语言和材料进行恰如其分的设计，跳脱束缚，从内容、文字气质到做书的形式风格，前后的关系、节奏，用的纸质材料、装订手法都一一兼顾。有些书可能不是经出版社出版，可能连书号都没有，却自在、随性地享受展示的乐趣。

在书展上，当看到许多童书静静地躺着，散发着温暖的气息，哪怕在寒冷的季节，你也会不由自主地感觉温暖起来，愉悦起来，这种感觉真好。

享受图书的纯粹，真诚地做书，真诚地做自己，这种感觉真好。

2015 年 5 月

5

书籍之美超越语言

——莱比锡书展口译札记

苗 杨 Miao Yang

苗杨
上海外语教育出版社学术部编辑
担任责编之一的
多套学术丛书入选国家出版基金项目
或获国家级、省部级奖项
2015年3月
作为翻译随同中国出版设计家代表团
赴德国莱比锡书展参展
负责莱比锡书展中国上海馆开幕式
“中华书韵”艺术论坛
中欧书籍设计家论坛等活动的会议口译
以及书展期间各种访谈
交流活动的口译工作

MY

2015 年 3 月 12 日—15 日，我以翻译的身份随同祝君波副局长率领的中国出版设计家代表团赴德国莱比锡书展参展，负责莱比锡书展中国上海馆开幕式、“中华书韵”艺术论坛、中欧书籍设计家论坛等活动的会议口译，以及书展期间各种访谈、交流活动的对话口译工作。对我来说，这是一种全新的人生体验。通过这次活动，我了解了很多以往不曾关注过的事，接触了很多不同的人，对自身也有了更加深刻的认识，获益良多。

瑞士文化记者 Manz 女士在采访祝君波副局长时，提出了这样一个问题：“同为德国著名书展，您认为莱比锡书展和法兰克福书展有什么区别？”相信这个问题也是很多读者都想了解的，而祝局的回答也非常具有概括性：“法兰克福书展注重版权贸易，商业气息浓厚；而莱比锡书展注重文化交流，更加适合读者与作者、读者与书籍设计家、作者与设计家之间的交流与互动。”为期几天的莱比锡书展，给我的感受确实如此。它文化气息浓厚，为读者、作者、设计者搭建了一个近距离接触和交流的平台。各个年龄段的市民，学生、幼儿，政府官员、各种文化组织成员，以及最重要的来自世界各地的出版人和设计家云集于此，大家的共同点就是对图书怀有真挚的热爱，并且非常乐于与他人交流和分享。作为翻译人员，我在中国出版设计家代表团参与的各项交流活动中享受到了“近水楼台”式的便利。虽然我本人并不从事图书设计，对这一行业也不了解，但是通过莱比锡书展上的一系列交流活动，也有很多收获。

收获之一：前卫的设计理念

作为一名普通读者，我之前对书籍设计的认知仅限于形式设计，比如封面、插图、版面设计，不同工艺的应用，不同印刷材料的采用等。而德国著名书籍设计家乌塔 · 施耐德女士的见解和作品全面刷新了我对书籍设计的认识。

乌塔女士是德国图书艺术基金会前任主席，与中国设计界关系密切，同时也是祝局的好友。因此这次书展期间，祝局特意安排时间与乌塔女士会面，就书籍设计、中德交流等问题进行了深入而亲切的对话。乌塔女士的诸多见解都非常具有启发性。

关于图书设计，乌塔女士指出，设计不单是指对图书形式的设计，也包括对内容的设计。受中国著名设计家吕敬人老师的鼓励，她正在尝试一种实验性的书籍设计，试图从形式设计延伸到内容设计。举例来说，她与一位朋友合作，设计出了一批“一句话图书”，即根据德语的语言特点，用一个一个分句组成一个超长的句子，这一个句子形成了一本书，然后这位朋友将全书翻译成中文。这位合作者是她的同学，同时也是中国人，既理解她的思路，也能够将之非常贴切地翻译成中文。

从设计角度而言，乌塔女士的理念非常前卫；从翻译角度而言，乌塔女士介绍的图书内容几乎是“不可译”的，她的合作者是怎么忠实地将其再现为汉语的？当时在座的祝君波副局长、张国樑老师、董伟老师听完乌塔女士的介绍都惊叹出声，我对这批实现了对“不可译”内容的翻译的图书也充满了好奇。

据乌塔女士介绍，这批书籍目前仍在寻找有意向出资的出版人，尚未正式出版。期待将来有一天能够读到这些有趣的书，更直观地理解和欣赏乌塔女士的这种“延伸到内容”的设计作品，更详细地了解其翻译者的工作。

收获之二：普及书籍设计理念的一个途径

关于书籍设计理念的传播，乌塔女士也指出，专业设计和普通读者之间始终存在距离，因此书籍设计家的一项重要任务就是向大众普及设计知识。乌塔女士有一个梦想，就是联系一家有影响力的报纸，设立一个专栏，以轻松活泼的语言定期介绍最美的书，这对于书籍设计、“世界最美的书”更深入地走向大众会起到巨大的推动作用。遗憾的是，在她担任德国图书艺术基金会主席期间，这项工作始终未能落实，希望未来会有人能够完成这个梦想。“我没能实现这个梦想，也许祝先生可以做到。”乌塔女士如是说。

乌塔女士的这一梦想对于中国书籍设计界以及“中国最美的书”无疑非常富有启发性，衷心希望未来中国会实现这一设想，使更多的人了解图书设计，进而爱上读书。

收获之三：设计理念的跨文化传播

在中欧书籍设计家论坛上，立陶宛设计家托马斯·马拉罗斯卡斯（Tomas Mrazauskas）在题为“谈谈摄影作品集的设计”的发言中说道：“我来自立陶宛，这是个非常小的国家，人口少，语言是立陶宛语，而世界其他地区懂立陶宛语的人非常少。那么我们该怎样向世界传达我们的理念，让世界了解我们呢？我选择通过摄影作品表达我的想法，图像可以超越语言的限制。”

马拉罗斯卡斯先生的思路放在书籍
计这一整体领域中，也是同样适用
图书设计很大程度上属于视觉艺
而图像如同音乐，确实可以超越语
的限制，引起观众的共鸣。

1　莱比锡书展“世界最美的书”中欧设计家论坛苗杨在为祝君波现场翻译

中国设计家赵清老师在
我聊天中也提及：“设
理念要翻译成外语，难
非常高。我以前被邀请
香港做讲座，主办方请
专业同传，感觉效果也
是很理想。所以，我发
时语言会尽量简练通
以图为主，让图说话，
样任何受众理解起来都
有困难。”其他中欧设
家虽然没有明确表达类
观点，但是在实际发言
都偏重于图像呈现、视
呈现，以尽量减少语言
障碍，更好地实现设计
念的跨文化传播。

比如，南京艺术学院的速泰熙老师
题为“他山之石 可以攻玉”的发
中介绍说，他设计《塑魂鉴史——
华日军南京大屠杀遇难同胞纪念馆
建工程大型主题雕塑》时，专门为
本书设计了一款名为“悲愤

1

体”的中英文字体，借鉴中国传统毛笔书法中的“枯笔”手法，于笔画转折中传达“悲愤与激情”，形象生动，入木三分。速老师这种以字体传达感情的手法令听众们印象深刻。几天的论坛活动使我再次深深感受到，跨文化交流中，语言并不是唯一的工具。设计之美、书籍之美很多时候都超越了语言。

二

出发前往莱比锡之前，我内心颇为惴惴，因为同行的团员不是新闻出版业的领导就是知名中国设计家，而在莱比锡将要会面的人也大多是德国图书出版业中的精英，他们是否很“高冷”？是否容易沟通？这些担心在接触到中德参与者时都烟消云散了：所有的人都友善亲切，令我这个小翻译如沐春风，其中许多人更令我学习到很多东西。

人物之一：中国出版设计家代表团的灵魂人物祝君波副局长

初次见到祝局是在中国出版设计家代表团最后一次行前工作会上（之前的行前会我都没有参加），祝局最后一次和大家确认所有人的分工，思路清晰，亲切和蔼，令本来心中颇为紧张的我安心不少。抵达莱比锡后，祝局的工作安排比其他团员都繁忙得多。书展正式开始之前，祝局就亲力亲为，在中国上海馆准备布展，并与德国图书艺术基金会主席黑塞女士会面。书展正式开始后，祝局除了在全体团员都要参加的中国上海馆开幕式、“中华书韵”艺术论坛、中欧书籍设计家论坛和中欧设计家沙龙上致辞之外，还安排了一系列会谈、访谈，具体如下：与乌塔女士、德国著名设计家雷娜特女士会谈；接受瑞士文化记者 Manz 女士的访谈；与汉堡文化局代表比林克 · 埃尔坎博士（Dr. Bilinc Ercan）商谈 7 月“中国最美的书”在汉堡展览的各项事宜；与中国驻德国大使馆陈平参赞、德国图书艺术基金会董事伍尔夫 · 卢西尔斯（Wulf D. V. Lucius）先生共进午餐，探讨中德文化交流的各项后续事宜。各项安排在时间上几乎是无缝衔接，对人的精力以及体力要求很高，而祝局每天忙碌一整天后仍然会带领团里的四人工作小组（王新平老师、王晨老师、潘晓

莉老师和我）安排第二天的工作，确认所有细节后，这一天的任务才算全部结束，精力之旺盛、态度之敬业令人敬佩不已。

乌塔女士与祝局会面结束时，环视着中国上海馆的展区，颇为感慨地对祝局说："我知道来莱比锡书展参展是你们长久以来的梦想，如今这个梦想终于实现了，祝贺你们！"可以说，乌塔女士是以祝局为代表的中国出版人努力推动中外文化交流的见证人之一，她简短的几句话折射出中国出版人十几年来的不懈努力，令闻者动容。

人物之二：德国图书艺术基金会主席 卡塔琳娜·黑塞（Katharina Hesse）女士

黑塞女士是位非常干练，而且非常具有亲和力的管理者，也是中德文化交流的积极推动者。中德双方共同筹备中欧书籍设计家论坛时一件小事令我印象深刻。中欧书籍设计家论坛由黑塞女士和吕敬人老师共同主持。黑塞女士提议两位主持人各自介绍对方的发言嘉宾，而吕老师则倾向于介绍更加熟悉的"己方"人选，以更好地活跃气氛。于是两人在论坛开始之前进行了简短但有效的沟通。黑塞女士解释说，正因为中欧双方的设计家和主持人彼此并不熟悉，互相介绍才会增进彼此

2 莱比锡书展
"世界最美的书"
中欧设计家论坛
苗杨在为陈楠
现场翻译

的感情，从而真正地“携手”举办此次论坛。随和的吕老师当即表示同意，于是两位主持人开始了“艰难”的嘉宾介绍工作。吕老师会一一报出欧洲设计家的中文译名，黑塞女士则无比艰难地一一念出中方设计家姓名的汉语拼音，有一次实在念不出正确发音名字的时候，她俏皮地大声感叹：“噢，恐怖的时刻又到来了，这个名字到底该怎么念呢？”听众们被逗得忍俊不禁，同时也为双方互相了解、增进交流的诚意而感动。

其他人，如身形纤瘦、说话温柔但能量巨大的王竞老师，精明睿智的卢西尔斯先生，汉语很棒的莱比锡国际交流部部长郭嘉碧（Gabriele Goldfuss）女士，以及温和亲切的各位中欧设计家，都以自己的方式教给我很多东西。限于篇幅，无法一一赘述，但是我永远不会忘记这些可爱的人。

上海市新闻出版局的德方联络人王竞女士是我的楷模。她德语、英语都很流利，除了和我共同担任各项口译工作之外，还负责大量的联络沟通工作，思路之清晰、工作之高效、会议口译之精确都令我非常敬佩。我会努力提高自己，希望未来的自己能像王女士一般举重若轻、气定神闲。

三

莱比锡之行除了令我学习到新的东西、认识了更多优秀的人之外，也令我更加深刻地认识了自己。

说来惭愧，参加中国出版设计家代表团之前，我对莱比锡书展的了解其实不多，对书籍设计也知之甚少。虽然是英语专业毕业，但是我工作以来一直担任编辑，口译实践机会很少。因此，在了解到这次莱比锡之行我将在两次大型会议上为多达十几位著名设计家进行口译时，我的第一反应是紧张不已，同时又隐隐有点期待，毕竟这是一次难得的自我挑战机会。

怀着这种颇为纠结的心情，我开始着手一系列准备工作。幸运的是，祝局、王新平老师、吴新华老师等领导都非常宽容，始终给我正面鼓励；上海市新闻出版局的马洁等老师做了大量细致的前期工作，提供给我关于莱比锡书展以及“中国最美的书”“世界最美的书”的大量信息，帮助我迅速了解各方面的背景知识；两次会议上发言的设计家均为业界翘楚，但他们全无“大牌”架子，都很细心体贴，发言前会向我介绍他们的发言思路，还会重点讲解我并不了解的设计知识。作为一名会议口译的“业余选手”，我能够顺利完成这次莱比锡书展的口译任务，离不开以上各方面的支持，真诚地感谢每一位给我帮助的人。

转眼间，莱比锡书展已经结束一个多月了，但我仍时常想起当时看过的各种美丽的书、遇到的各种可爱的人。衷心祝愿越来越多的“中国最美的书”在“世界最美的书”评比中获奖，衷心希望将来能看到更多的关于“最美的书”的展出，也衷心希望未来能与这些可爱的人再次聚首。

2015 年 4 月 26 日

莱比锡书展观后感

王新平
现为上海市新闻出版局
办公室副主任
长期在解放军南京政治学院
从事宣传文化工作
2011 年转业到市新闻出版局
负责局对外宣传与媒体协调联系工作
在市新闻出版局工作期间
参与上海书展、上海国际童书展
"中国最美的书"十周年等
重大展会活动
协调组织多项新闻出版重大活动
媒体宣传工作
作为中国出版设计家代表团成员
于 2015 年 3 月赴德国莱比锡书展
参与中欧书籍设计家论坛
"中国最美的书"设计艺术展
"中华书韵"艺术论坛等活动

王 新 平 Wang Xinping

W Xp

2015 年 3 月 12 日至 15 日，每年一届的德国莱比锡书展成功举办。上海市新闻出版局、“中国最美的书”评委会首次组织阵容庞大的参展代表团赴莱比锡参观考察展会。作为中国出版设计家代表团成员，我第一次踏上欧洲的土地，有机会到莱比锡书展实地考察，参观莱比锡平面设计及书籍艺术学院、莱比锡国家图书馆和柏林文化艺术书店，与欧洲书籍设计师、出版人以多种形式进行交流，并亲身参与了展会举办的多项活动，算是走出国门，开阔了眼界，对莱比锡书展有了真切的感受，对欧洲出版业的发展多了些了解，特别是对德国文化有了更深的认识。在莱比锡三天的所见所闻，给我们留下了深刻印象，可以说，莱比锡之行收获很多，不虚此行。

德国的文化积淀十分丰富。德意志民族是一个具有深厚历史文化的民族，历史上产生过众多影响世界的著名思想家、理论家和艺术大师，对世界文化发展产生过重要影响和卓越贡献。莱比锡书展秉承德国文化的深厚积累，具有悠久的历史。可以说，近代的国际书展，都源于 19 世纪初举办的莱比锡书展。从莱比锡书展的举办形式与风格中，也不难看出这种长久的历史文化积累所留下的印记。书展由德国莱比锡展览公司于每年的 3 月至 4 月在莱比锡展览中心举行，是德语书业界在春季最重要的展会活动，也是欧洲重要的国际书展之一。书展面向广大公众，以搭建新书交易平台、推广阅读文化为目的，书商、读者与媒体广泛交流，阅读文化氛围浓厚，成为影响欧洲出版业的重要展会品牌。

书展开幕前，代表团成员参观了柏林知名的多思曼艺术文化书店，耳目为之一新。书店内充溢着浓郁的文化与阅读氛围。细看德国读者选书购书，并不是一味追求畅销书、热门书，而是以自己的阅读需要和兴趣选书，书店内也没有大量的教材读物和热销书推荐榜，店内安静有序，处处透出思想与文化的气息。参观莱比锡德国国家图书馆也让代表团成员大为震撼，在图书馆的阅览室内，德国读者潜心研读的情形让每一位代表团成员驻足。在这里，我们看到每个读者书桌上都摆放着一摞所选的书，读者沉浸在书中，专注地阅读思考，许多读者还不时做着笔记。这种阅读情景，现在已经见得不多了，这是一种静心的阅读，也是一种有深度的阅读。

1

1　柏林知名的多思曼艺术文化书店

德国人做事严谨认真，成就了这个民族的今天，也处处给我们留下深刻的印象。我理解，这是一种千百年养成的习惯，更是一种渗透到骨子里的文化。凭借这一点，这个民族虽两次在世界大战中被打倒，但又两次迅速地崛起。至今，德国仍是欧洲实力最强大的国家，也是世界强国之一。由此想到，中国要实现现代化，中华民族要实现历史复兴，至为关键的问题不在于我们如何迅速在几十年时间里积累起令人惊叹的财富，而在于人的现代化。我国经过改革开放三十多年高速发展，已经成为世界第二大经济体，国家实力明显增长，但提高人的素质是一个长期艰巨的任务。德国读者的良好修养，是成就书展的基本条件，也是这个国家与民族得以长久发展的根基。

2

3

书籍设计艺术展现书籍之美。过去，我们对书籍设计艺术更多的是一些直观感受，深切体会书籍设计艺术不够自觉。莱比锡书展的多场活动，特别是“世界最美的书”“中国最美的书”获奖作品的集中展示，让我们领略了书籍之美，真正感受到书籍设计的艺术魅力。这些作品既有精美装帧，更注重运用多种艺术形式，充分表达书籍内涵，真正让书籍之美展现在读者眼前，使书籍不仅成为传播内容的载体，也成为给人以艺术享受的作品。实际上，书籍设计艺术也逐渐进入人们的视野，被广大的读者所了解。在书籍设计领域，有一片广阔天空，任由书籍设计师发挥想象空间，表现书籍之美。在莱比锡书展举办的中欧书籍设计家论坛上，十位中外设计师分别做了精彩演讲，解读了书籍设计的精深要义与现实魅力，让现场读者感受到书籍设计所表达的丰富文化内涵，对书籍增添了热爱与敬重。文化背景不同，也影响到书籍设计艺术的风格，而不同的书籍设计作品也体现出不同的文化特色。此次莱比锡书展，中欧两种设计文化的深入交流，为中外出版交流开启了更广的空间。相信在未来更长时间内，两种设计文化会相互借鉴融合，共同促进书籍设计艺术水平的提高。

出版文化交流任重道远。上海出版界与莱比锡书展交流较早，除了 20 世纪 50 年代、80 年代以外，2004 年、2005 年上海市新闻出版局曾两度组织书籍设计师参访莱比锡书展。参展莱比锡书展，参评“世界最美的书”，已经成为十多年来中国出版“走出去”的重要渠道。近 12 年以来，先后有 11 批 229 种“中国最美的书”亮相德国莱比锡书展，其中 13 种图书荣获了“世界最美的书”的各类奖项。此次莱比锡书展，又有 22 种“中国最美的书”获奖图书参加 2015“世界最美的书”评选，并在莱比锡书展首次设立展馆集中展示，显现了中国出版“走出去”取得的进步。“中国最美的书”可以说架设了一座通往世界书籍设计舞台的桥梁，打开了中国书籍设计师与世界交流的视窗，推动中国书籍设计家和他们的优秀作品走

2 莱比锡书展展场

3 莱比锡书展展场

向国际，并促使我国书籍设计师更新观念，探寻书艺之美的真谛。此次借“中国最美的书”在莱比锡书展展出之际，我们还举办了“中华书韵”艺术论坛、中欧书籍设计家沙龙，来自中国的书籍设计师与欧洲特别是德国书籍设计师和出版人进行了深入广泛的交流，进一步提升了“中国最美的书”的国际影响力，让欧洲设计家更多地了解中国书籍设计家和他们的作品。这为今后更好地合作交流打下了良好基础，也为中国出版更好地走向欧洲、进入世界拓展了新的空间。但从展会所展示的图书品种看，整个展会除参展的“中国最美的书”样本外，看不到更多的中文版图书，这既说明欧洲书业需要扩大开放，融入更多文化因素，也反映出我们的出版被欧洲乃至世界所接受的程度还比较低，更需要中国出版界为之继续努力奋斗。

书业展会是集中展示书业发展成果、推动书业发展的重要平台，也是推动全民阅读和文化交流的有效载体。莱比锡书展成功运营的情况，能够为国内书业展会带来一些有益的启示：拓展交流合作的平台。书业展会不仅仅是图书的汇集展示，还应该具有推广引领阅读文化的功能，特别是要有深度的思想文化交流活动做支撑。参观莱比锡书展，一个很深的印象是可以看到“世界最美的书”。“世界最美的书”借助莱比锡书展平台，经过多年积累与发展，已经成为世界特别是欧洲具有重要影响的文化品牌，也成为提高“中国最美的书”的国际影响力，推动中国出版走向世界的重要渠道。要利用好这个渠道，加强与德国图书艺术基金会的更广泛交流合作，借助“世界最美的书”的广泛影响，更好地推介中国图书，扩展“中国最美的书”的影响。借鉴“世界最美的书”多年成功运作经验，“中国最美的书”应更多参与世界性书业展会，如莱比锡书展、法兰克福书展、美国书展、法国巴黎图书沙龙等国际展会活动，借此扩大“中国最美的书”在国际上的影响，加强中国书籍设计与国际的交流，推动中国出版更好地“走出去”。注重阅读文化推广。德国莱比锡书展具有悠久的历史和文化积淀，在欧洲有重要影响，并具有较大规模，每年展会到场观众人数达到 42 万以上。莱比锡书展注重开展面向普通公众的阅读文化活动，尤其重视作者和读者的交流互动，在全民阅读推广方面积累了许多可供借鉴的做法与经验。这些经验可作为我们举办书展等大型展会的借鉴。应多组织上海出版界人员赴莱比锡参观交流，学习、汲取莱比锡书展和世界大型展会的有益经验，提高我们举办展会的国际化、专业化水平。

采取专业化运作方式。德国莱比锡书展采取专业化运作方式，形成了自身的特色与风格，值得我们思考与借鉴。给我们印象很深的是德国图书艺术基金会富有成效的运作方式：德国图书艺术基金会是一个社会机构，工作人员只有四人，面向整个德国乃至欧洲，除了组织相关人员参加莱比锡书展、法兰克福书展之外，每年开展阅读文化推广活动五十多项，有效发挥了推广阅读和专业引领作用。从上海实际情况看，要加大对“中国最美的书”的推广，可考虑以相关社会机构为主，形成专业运作力量，采取专业运作方式，着力推动“中国最美的书”走向世界。同时，“中国最美的书”应注重在国内扩大影响，积极参加国内各大书展，举办多种交流活动，推广书籍设计新理念，提高“中国最美的书”的广泛影响力。

2015 年 5 月 6 日

Best Book Design from all over the World 2015

杨婧 译

01 *Untitled (September Magazine)*
02 *Fundamentalists and Other Arab Modernisms. Architecture from the Arab World 1914-2014*
03 *Danish Artists' Books*
04 *Awoiska van der Molen, Sequester*
05 *New Horizons*
06 *Paul Chan, New New Testament*
07 *léments Structure 01*
08 *Motion Silhouette*
09 *Miklós Klaus Rózsa*
10 *Aliens and Herons, A Guide to Fine Art in the Public Space in the Era of Normalisation in Czechoslovakia, 1969-1989*
11 *Cartea de Vizită*
12 *More Than Two (Let It Make Itself)*
13 *fink twice 501, 502, 503*
14 *The Seto Library. Seto Kirävara*

2015 "世界最美的书"

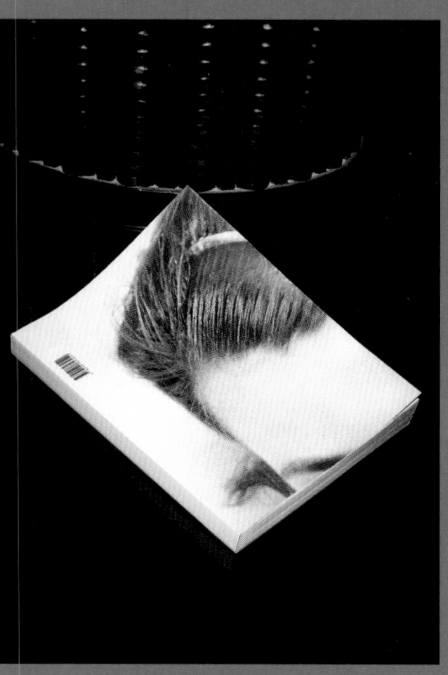

Goldene Letter

作者　Paul Elliman
书名　*Untitled (September Magazine)*
　　　《无题（九月杂志）》
尺寸　22 x 28.5 cm
页数　592
印数　1000

设计　Paul Elliman + Julie Peeters
印刷　Drukkerji Sint-Joris, Gent
出版　Roma Publications + Vanity Press
ISBN　978-9-49184-305-1

01

《Untitled (September Magazine)》——绝不是一本普通的时尚杂志，而是由英国艺术家、设计师 Paul Elliman 亲自编辑、设计，着力表现人类肢体的摄影集，是属于他自己的“九月计划”。其灵感、素材均来自时尚杂志、魅力摄影及色情刊物，通过大胆裁切、排列将图片再编辑，突出展示华丽衣衫包裹下的，或是完全裸露的男性和女性肢体，如弯曲的手臂、双腿，美丽的双足，被拍打着的臀部以及弯向一侧的背脊等，并选择了表现动态肢体的照片，尤其强调了双手的动态：手指摆出的各种形态，如交叉、扭捏的弯曲。图片多截选头、面部以下部位，即使出现也大胆裁切、刻意回避，同时采用满版出血印刷。

这是一本有着迷人封面的杂志：一位头戴可爱发卡、头发蓬松的女性头部局部照。咦，书名是什么？难道是《9789491843051》？封面没有文字，仅印了条码。书脊、封底呢？也是一无所获。唯一暗示书名和作者身份的文字是印在封底内侧的一排小字：无题（九月杂志），Paul Elliman，2013。再看看里面，随着翻动的书页读者被引领着进入了这个厚厚的、容纳了超过 500 幅裸露图片的世界。这是一本被设计得既符合视觉阅读习惯，又恰如其分地合乎人潜意识期待的读物。使用带涂层的光滑纸张，尽管整本书没有任何文字描述，却让人感觉无比生动，印象深刻：裸露的双足、弯曲的手臂、扭曲而支离破碎的肢体语言……

作为英国本地艺术家、设计师的 Paul Elliman，以一种专业的角度试图探索“语言与动作”的关系。正是得益于 Paul Elliman 的灵感来源，我们可以想象他所表达的“语言”可以是极度大胆、不修边幅但又神秘有趣、充满暗示。

Goldmedaille

作者　George Arbid + Kingdom of Bahrain-National Participation, Biennale di Venezia 2014
书名　*Fundamentalists and Other Arab Modernisms. Architecture from the Arab World 1914-2014*
《原教旨主义和其他的阿拉伯现代主义——阿拉伯世界的建筑 1914—2014》
尺寸　24 x 33.5 cm
页数　176
印数　40000

设计　Jonathan Hares, Lausanne
印刷　Musumeci S.p.A., Quart
出版　Bahrain Ministry of Culture, Bahrain + Arab Centre for Acrchitecture, Beirut
ISBN　978-9-95840-34-1

02

在 2014 年第十四届国际建筑双年展上，参展国巴林在展厅中央展台处陈列的一本特别的书——《Fundamentalists and Other Arab Modernisms. Architecture from the Arab World 1914-2014》在展览上大出风头。

书中选择性收录了 100 个坐落于阿拉伯世界的著名现代建筑。从尺寸来看，这样的开本完全可以承载具有如此代表性的（典型的）内容；另一方面，在材质的选择和全书设计上也表现出了极大的克制力。封面使用无光浅黄色卡纸；内页选用无光、白色、柔软磨砂质纸张，页面上呈现的黑白建筑实景照片、设计图都压印在淡淡的浅黄色底色上；同样，这种淡淡的黄色也出现在封面的设计上。版面上少有在一个页面内安排超过三张照片的情况，而对建筑项目名称、年代、设计图标题等文字信息的处理也十分节制地围绕图片排列；除此之外，并没有在图片之间的空隙处再放置大段冗长的对建筑分析、阐述文字，而是在这样一幅被自由随意安排的版面中，让尽量多的留白顽皮地围绕图片。

在将西方世界的建筑和在阿拉伯文化背景下“生长”的建筑准确转化成视觉表达这方面，本书的书籍设计师以一种极为克制的技巧在这些适量的精致和独特的陪衬上做足了功夫。

《Danish Artists' Books》也许是有史以来第一个以如此未经雕琢的设计来囊括丹麦艺术家作品的集子吧！甚至连洗衣房票据的设计也不会这样轻描淡写。巨大的尺寸、厚重的书体，读者一眼就能明白设计师的用心：书的前半部分，使用环保纸张，在每 16 页组成的折手处都插入一种较厚的无涂层纸张，整个部分又被一张光滑的纸覆盖，各种纸张之间靠缝线连接。翻阅时，正是倚赖于多种纸张的结合使用，使书中史论部分的那些不起眼的文字流产生韵律。双栏中留有空白，恰当的装订，大胆的版心尺寸，切口像字列间距一样窄。黑白图片的标题、脚注和签名安排紧凑，节省了空间。书的后部分着重介绍了一些独立艺术家，呈现他们作品的页面采用触感粗糙的横格纹纸，四色印刷。引人注目且大胆创新的是在图像的边缘处使用了黑色粗重的多边形边框进行处理。

“最危险的并不是极端的个人原则，有时候是混乱的艺术书籍载体本身。”这大概是封面想要传递出的审美标准。

Silbermedaille

作者 Thomas Hvid Kromann + Maria Kjaer Themsen + Louise Sidenius + Marianne Vier

书名 *Danish Artists' Books*

《丹麦艺术家之书》

尺寸 24 x 33 cm

页数 302

印数 1500

设计 Thomas Hvid Kromann + Maria Kjær Themsen + Louise Sidenius

印刷 Specialtrykkeriet Viborg, Viborg

出版 Møller + Verlag der Buchhandlung Walther König

ISBN 978-87-92927-12-5

03

Silbermedaille

作者 Awoiska van der Molen
书名 *Awoiska van der Molen, Sequester*
《Awoiska van der Molen——隔离》
尺寸 24 x 29 cm
页数 80
印数 2500

设计 Hans Gremmen
印刷 Lecturis, Eindhoven
出版 Fw: Books, Amsterdam
ISBN 978-94-90119-29-4

04

照片与风景，黑与白。细微的，默默无言的，孤独的……这是一本没有文字的神秘之书，仅仅用照片将书分割成三个章节呈现出来。随着阅读的展开，读者们渐渐地开始在书中搜寻文字可能存在的线索，否则，会不自觉地屈服于书本身的诱惑力。可以肯定的是，观察者（读者）通过阅读照片将自己沉浸下来，慢慢地沉浸到成为这本神秘之书的一部分。阅读时，读者能感受到从黑暗中暴露出的无邪景致，这景致也成为永远无法被解释的部分。而设计师的职责，则是原汁原味地呈现出摄影师 Awoiska van der Molen 拍摄的那些不可思议的照片的本质。正是基于这样的背景，照片本身的特殊魅力、形象生动的概念以及印刷技术的创造性表现，三位一体，互相不可分割。设计师选用了触感平滑、无反光的优质纸张，使用深浅两种黑色油墨印刷，其中一部分内容直接印在黑纸上，设计师试图以此传递出一直围绕本书的神秘感。

握在 Awoiska van der Molen 手中的摄影机像一部风景的织造机，而从其中走出的黑暗证实了通过纯洁的光影呈现出的摄影作品是存在的。她的黑白摄影作品产生出一种对孤立世界的深入渴望的特殊情感，这也正是她拍摄的核心。Awoiska van der Molen 称之为“单色的风景”。

如果并不清楚摄影其实是一门光影艺术，那当我们看到这些照片和照片集结而成的书本时，一定会有种莫名之感。

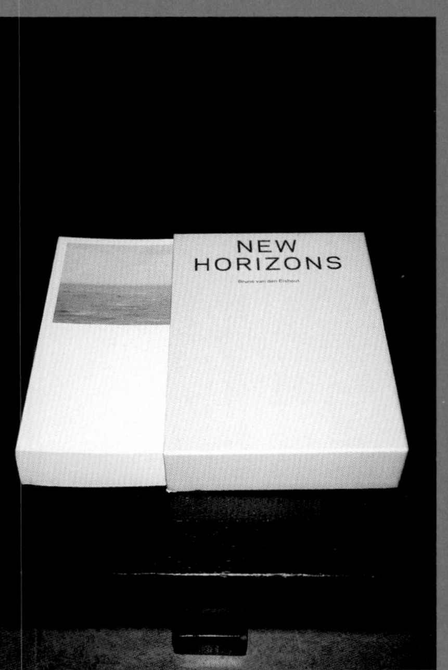

Bronzemedaille

作者 Bruno van den Elshout
书名 *New Horizons*
《新地平线》
尺寸 23 x 33 cm
页数 212
印数 2012

设计 Rob van Hoesel
印刷 Lenoirschuring, Amstelveen
出版 The Eriskay Connection, Breda
ISBN 978-94-92051-04-2

05

当读者从结实的书函中抽出丝带，随着丝带被抽出，书册也被缓缓带出。

没有封面的掩饰，没有防尘布套的保护，书脊也没有使用复杂烦琐的锁线工艺或黏合剂进行装订，而是以一种新颖、微妙的凹槽折边的形式将单页集合成书，使每一页都能完全展开摊平成一本平板书。事实上，这本书的边缘被裁切得十分整齐，将它放置一旁时，并不觉得那是一本书，而像一块巨大的刨木般硬挺平整。独特的设计营造出了无障碍翻阅感。左右翻动书页，没有任何阻力，行云流水般的流畅感贯穿全书；如果将书本直立，每一页完全展开，首尾页相接围成一圈，形成柱状书册；被裁切得异常整齐的书册，就像直立的木桩一样坚固。

书册外形抽象而牢不可摧，外表的“硬朗”与以水、海、天空、光、云为内容的“柔软”形成了强烈对比。从 8785 张照片中精选出来的 300 张展示海平面的照片被浓缩在 212 个页面上。而这 8785 张照片均来自同一台事先架设好的相机，在一年时间里，这台相机每一小时拍摄一张照片，记录下不同时间、季节、光线下的同一个角度看出去的海平面。

《New Horizons》，天空与水面间的浮动，一本没有文字的书。

Bronzemedaille

作者 Laurenz Foundation, Schaulager, Basel + Badlands Unlimited, New York
书名 *Paul Chan, New New Testament*
《保罗·陈：新的〈新约〉》
尺寸 17.8 x 26.7 cm
页数 1092
印数 1000

设计 Kloepfer-Ramsey Studio, Broollyn
印刷 Schwabe AG Druckerei, Muttenz
出版 Laurenz Foudation, Schaulager, Basel
ISBN 978-3-95239-715-2

06

Paul Chan，艺术家，现居纽约。这本《Paul Chan, New New Testament》收录了 Paul Chan 创作的逾千件极为重要的绘画作品。这些作品都有着同一个主题：在拆卸下来的书籍封面上进行再创作，同时结合文字的补充，最终得到一件新作品。Paul Chan 曾说："每逢周末，我就会尝试着撕下一些书籍的封面，并在上面作画……每一个封面似乎都在召唤着不同的事物……这些事物或是表现主义的、或是自然主义的……有些甚至是朴素的黑与白。事实上，我甚至从未读过那些被撕碎的书。"

严格地说《Paul Chan, New New Testament》是 Paul Chan 第一本作品集，书的比例堪比圣经选文集。右页的插图是他以旧封面为基础的再创作，就是将撕下的封面作为垂直画布，在上面平涂上浅灰蓝色或接近黑色的矩形，部分矩形上画有山脉图案。每幅新作都被细致、精确地编号。左页的文字：每一个数字都被一个文字填充，被诗歌编码用延伸的标点符号和句法以一种更强有力的方式编辑。回到巴洛克风格流行的年代，似乎看起来棘手的符号学原理已经点燃了沉思，在这本具有象征意义的书里阐明世界的含义。如果每件事都是经过极其细心和严格的安排，那便意味着每件事都必然是正大光明的：完美的比例、使用 Garamond 字体的经典排版、高品质的印刷。如果说《Paul Chan, New New Testament》在材质的使用上有什么特别之处，那便是它那像一本新书一样的真实存在感。书中的作品将这本再创造的书幻化成了真正的艺术品。

Book
Design
2015
16

《Éléments Structure 01》 是 由 Valerian Goalec 和 Alexis Jacob 编 辑 出 版《Éléments》系列摄影集中的其中一辑。由法国设计师 Alexis Jacob 担任该系列书籍的设计工作。整个系列以拍摄生活中所见、所用的日常物品、设施为素材。出版这个系列最初的想法源于作者散步街头或利用在工作室的工作间隙随意拍摄的物品。“文档构建起了这部作品，而这部作品的实现亦将文本内涵升华”，这句话出自这本型录，预示了从未经编辑的文稿到设计印刷成书，内容与设计的相映相关。事实上，通过这个例子说明目录并非是一本书的装饰附件，而是其最基本的组成部分，以这样的理念来形容这本书最是合适的了。目录的设计仅仅是一本书的设计的开始。作为《Éléments》系列之一的《Éléments Structure 01》将主题定为：通风栅口。书中收录的照片全部为不同形态、尺寸的通风栅口，有横向的、纵向的，有稀疏的、密集的，有长方形的、正方形的，各种款式。版式风格自由、零散，字体粗细一致；至于材质与印刷，使用粗糙的纸张、网点也格外清晰，一色叠印、不连贯印刷，这些通常在紧急情况下使用的印刷手法被一股脑地投入到这本书中，而这样的手法似乎价格不菲。

Bronzemedaille

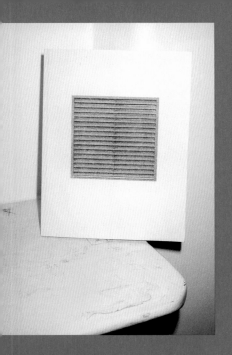

作者 Valerian Goalec + Alexis Jacob
书名 *léments Structure 01*
尺寸 17.5 x 23.5 cm
页数 60
印数 100

设计 Alexis Jacob
印刷 Nicolas Storck (Autobahn)
出版 Theophile's Papers

07

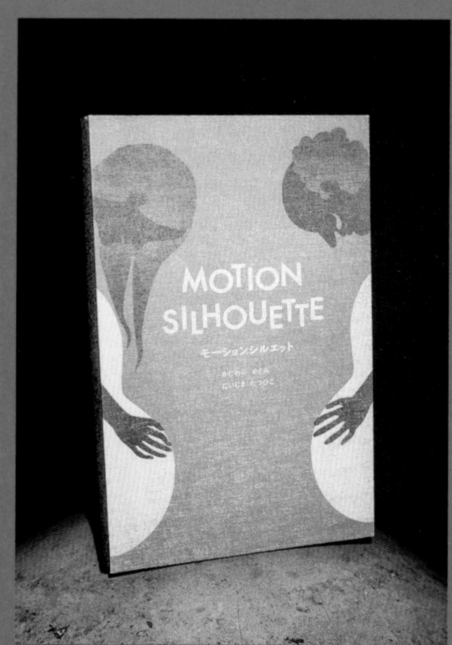

Bronzemedaille

作者 Megumi Kajiwara + Tatsuhiko Niijima
书名 *Motion Silhouette*
《手影，立体的影子书》
尺寸 16.6 x 26.6 cm
页数 14
印数 200

设计 Tatsuhiko Niijima
出版 Megumi Kajiwara + Tatsuhiko Niijima

08

《Motion Silhouette》是一本让读者与书本充分互动的立体影子图画童书。

书籍内文以跨页场景的形式编排。前一个对页和后一个对页的故事绝不重复；同一个对页的故事既可以从左至右连起来阅读，当读者单独阅读左页或右页的故事时又各有不同。阅读时，需要读者动手参与，亲自完成这些故事。随着阅读的展开，微妙的变化伴随被翻动的书页悄然开始，但又不仅仅是因为“翻动”这个动作。

这一定是在黑暗世界中最有趣的一次阅读体验。设计师分别在左页、右页上先印上插图，这些插图透露出的故事看似完整又好像正等待着被完整；然后在每一个对页的订口处都插入一张硬纸板模切出的图形，人的侧脸、飞舞的蝴蝶、蒸汽火车……而书的奥秘便是伴随着读者用手电筒或手机屏幕照出的光线从纸板一侧投射过来时，纸板的轮廓立刻映在另一侧的白纸上；读者成为“影子的导演”，指挥着各种纸张上的形态表演。不停地移动光源，纸板影子便活了起来。当影子投射到左页或右页时，影子便与左页或右页上本身印有的插图内容结合产生不同的故事。光照左右移动，影子也跟着移动。突然，在左页飞动的小鸟停落在右页的树枝上；一只蝴蝶挣脱了蜘蛛网的陷阱逃离到左页上美丽玫瑰花丛中翩翩起舞；一阵风吹过，左页上的蒲公英种子四散而飞，当风吹向右页，蛋糕上的蜡烛全部熄灭；鬼魂伸出了恐怖的爪子扑向天真的孩童；蒸汽火车突突跨页而过，奔向遥远的月球。这些形象被复制得如此精巧，书脊上也使用了特殊松软的材质，触摸时像天鹅绒般柔软。

试想，如果我们能用非电力的手法点燃想象力，将是件多么美好而令人神往的事，就如同西洋景里记录下的过去的时光，而这一切都被呈现在闪烁摇曳的影像时代。

《Miklós Klaus Rózsa》线装平装本，使用黑白照片，相当于电话黄页大小，全书624页按标准A4尺寸设计，一本适合拿在手里快速翻阅的书。

“这儿投掷了一颗炸弹，那儿喷发出一团粉尘，在那边一群戴着头盔的警察小跑着过来，一堆散落的机打传真纸不停地印发着抗议的宣言……沉浸于完美的黑与白的一切，感谢这些黑与白，作者到底想用黑白现场照片营造出怎样的场景？让这一切一目了然吧：与过去和谐相处还是妥协于当下？向政府施压？1968年的德意志联邦共和国或德意志民主共和国（东德）情报人员？等一下：是苏黎世国家警察、苏黎世州警察还是联邦警察？压力来自瑞士！”

很长一段时间里，摄影师、政治活动家Miklós Klaus Rózsa一直生活在瑞士联邦警察及苏黎世州立警察的双重监控下。20世纪70—80年代间，Miklós Klaus Rózsa频繁参与由激进青年发起的大量暴力反政府运动，书中的照片、文本均出自他在1971—1989年期间拍摄的处于最动荡、最混乱时期的瑞士，他试图以最具创造力的手法，以照片和文本的形式将那段复杂的历史呈现出来。这是一本精彩的摄影集：闪光下的夜间铁丝网残骸；对于穿着制服的人来说，民众过于平和的攻击是如此让人舒坦，可以置之不理。所有国家监控的文献和同时代的报道都被安置在了一个苍白的背景里（所有黑白照片都印在白纸上），这些几乎不能被感知，但是决定性的对比引出了第三个观察者，也就是读者，进入间谍活动旋转木马。“不稳定的元素”正如这本书的设计，这些可能是国家警察的发动机。或许，这就是设计师试图通过这件作品表达出的狂热和异端气质。

Bronzemedaille

作者 Christof Nüssli + Christoph Oeschger
书名 *Miklós Klaus Rózsa*
尺寸 21 x 29.7 cm
页数 624
印数 2000

设计 Christof Nüssli + Christoph Oeschger + Zürich
印刷 DZA Druckerei zu Altenburg GmbH, Altenburg
出版 Spector Books + cpress, Leipzig
ISBN 978-3-944669-42-7

09

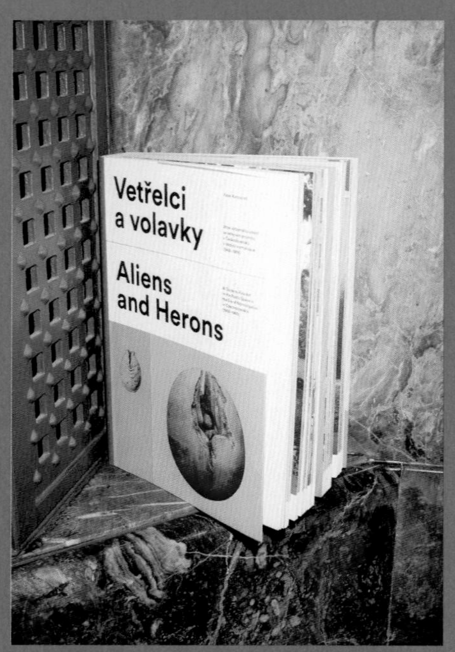

Ehrendiplome

本书探讨了 1969—1989 年，处于“正常化”时期的捷克斯伐克的公共雕塑艺术。当时的捷克斯洛伐克正处于大量创造共空间艺术品的时代。随处可见的大尺寸塑料质雕塑和绘画品有条不紊地被安置在任意公共空间中，如：工厂、学校，至连医院的空地上都挤满了雕塑和浮雕装饰，各处公共空间被各种造型的纪念碑填满。它们的出现不仅符合美学要求，生物学规则方面也显得如此合理。这些雕塑以各种形态、材被凝固后，再镀上一层青铜色陈列在游乐园、公园及大型居区中，它们可以是俄罗斯宇航员、亲吻的情侣、爆炸的石缝的变压器、扭曲的几何形、羞涩的少女……它们的存在自然然地宣告了一个完美的世界，一个充满期盼的未来世界。

全书内页使用微黄纸张印刷，配合作品实景照片、设计图稿及双语介绍，对每件雕塑作品进行细致阐述。对于西方人而言，当他们看到这本印刷在微黄纸张上的书时，留在脑海中最深沉的记忆不禁被唤起，那是一段这样的日子：每当他们想要跨越边境线时，都必须字字斟酌、小心翼翼地填写各种表格。

作者　Pavel Karous
书名　*Aliens and Herons, A Guide to Fine Art in the Public Space in the Era of Normalisation in Czechoslovakia, 1969-1989*
《外星人与苍鹭——1969—1989 年，“正常化”时期的捷克斯洛伐克公共艺术指南》
尺寸　16.6 x 24 cm
页数　460
印数　1000

设计　Tereza Hejmová
插图　Pavel Karous
摄影　Hynek Alt
印刷　T.A.Print
出版　Arbor vitae, Academy of Art, Architecture and Design, Prague
ISBN　978-80-7467-039-8

10

Book
Design
2015
16

Ehrendiplome

作者 Fabrik-72+87
书名 *Cartea de Vizită*
《一本关于名片的书》
尺寸 23 x 29 cm
页数 64
印数 150

设计 72+87
印刷 Atelier Fabrik
出版 Fabrik

11

《Cartea de Vizită》是一本关于“名片”的书。

确切地说，在今天，术语“名片”已经成为社会中一个充满了隐喻性的角色：电子名片，用鼠标点击并将电子名片移动到硬盘通信录中（这也是一种隐喻），个人主页俨然一张“名片”，人们看到它时俨然看见一位穿着被擦得油光锃亮的皮鞋的绅士，从穿着能看出对方简明、干净、有格调的个性。“名片”是过去的罗马尼亚人日常沟通的媒介，但更为重要的是，我们能从这些“媒介”中看到：内敛的优雅是理所当然的事。

本书由 Atelier Fabrik 与 72+87 设计机构编辑、出版。Atelier Fabrik 出版印刷公司来自罗马尼亚布加勒斯特，致力于出版、印刷优质限量版图书。此外，他们在办公用纸品印刷、凸版印刷及手工包装等领域进行多方面积极探索与尝试。《Cartea de Vizită》是为在该公司举行的关于旧时名片的怀旧主题展所编辑、出版的型录。

书中收录了有历史感的、老旧的“名片”，有手写的，也有用老式打字机打印出来附上诸如姓名、职业及地址等信息，以文字、图解的形式对品味、朴素、优雅和人物个性进行的“演讲”。全书内页使用厚度为 170g 单光白牛皮纸印刷，以可印刷布面包裹荷兰版制成的硬封精装呈现，封面中心居上位置是用凸版印刷制作的书名标签。书中每一页都展示了原名片的正、背面，模拟植物标本集的效果印刷，精致质感跃然纸上。

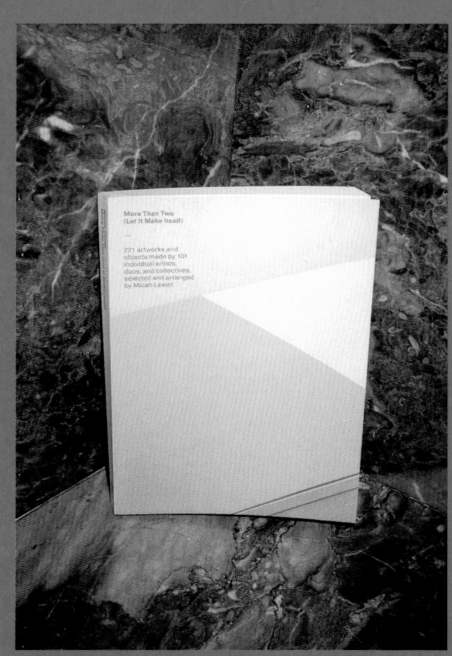

Ehrendiplome

作者　Micah Lexier
书名　*More Than Two (Let It Make Itself)*
　　　《多于二》
尺寸　19.5 x 26.5 cm
页数　224
印数　500

设计　Jeff Khonsary (The Future)
摄影　Jeremy Jansen
印刷　Tallinna Raamatutrükikoda
出版　The Power Plant
ISBN　978-1-894212-38-0

12

第一眼看到《More Than Two (Let It Make Itself)》时总会惊觉奇怪：巨大的、红彤彤的数字直接印刷在艺术品黑白照片上。想必，这一切的背景故事大概是这样的吧：这本书一定是用于介绍某个展览的型录。如果不是所有的艺术家都能够提供作品照片用以制作型录，并且这 221 件作品都各自以不同的角度被挑选出来的话，这便意味着，设计师只能用很短的时间来完成它。最终，这个方案得以采纳并被呈现在读者面前。从部分照片上，我们可以看到物体的位置，而从另一些图片上可以看到一些正在筹备中的景象。至于展品一览表的设计，则是被任意地，以一种最引人注目的形式设定在页面居中位置，用红色油墨印在粉色纸张上，这个部分被命名为“清单”。这是一本简单而美丽的书。

虽然只是一本展览型录，但《More Than Two (Let It Make Itself)》自有其艺术品位，这是一种超越我们常规所见的那些临时展览的宣传单页的独特性格，收录其中的艺术品被贯穿全书的红色小线索紧密连接起来。

这是一本简单而美丽的书。

《fink twice 501, 502, 503》是一套将旧版图书重新编辑、设计、再版的平装书。这个系列包括：第一辑《Art Handing in Oblivion》、第二辑《Albert's Guesthouse》和第三辑《Walking through Baghdad with a Buster Keaton Face》。虽出自不同作者、编辑、设计师的撰写、编辑与设计，但三本书在技术上都达到了出奇的统一，三本书都使用单黑、薄纸印刷，胶装。再版时适量减少了每辑的页数，却保持了各自独特的尺寸大小。根据书脊厚度的不同，书脊上的字体大小也会略微调整。另一个引人注目的地方是，三本书均采用的黑白单色这种自然、不造作、不炫耀的印刷方式，在将原版进行改头换面的同时，也很好地保留了它们各自的独特性格。

Ehrendiplome

《Art Handing in Oblivion》是该系列的第一辑，讲述了关于财产、阴谋、盗窃和遗产的故事。本书记录了那些在重要历史事件中被某个政党或有组织的个人盗走的艺术品。发动战争是对大肆掠夺他人或他国艺术品最隐秘且最容易被忽略的手段，而征服行为的背后潜伏着剥夺文化遗产和彻底摧毁文化的险恶意图。毫无疑问，将掠夺而来的珍宝带回家乡正是一种宣告胜利的最有力证明。而这些战利品也成为进行恶意的文化遗产全球化财富聚集和转移的牺牲品。除了引用大量艺术品真实图片展示外，也配合详尽文字阐述，翻阅此书，过去那些无耻的掠夺暴行似乎历历在目。书中提到的艺术品，部分已被找到并归还其原来的主人，而一部分仍然被掠夺者保存，至今难觅踪迹的也不在少数。

13

系列名 *fink twice 501, 502, 503*
出版 edition fink + Verlag für zeitgenössische Kunst + Zürich
作者 Rob van Leijsen
书名 *fink twice 501: Art Handing in Oblivion*
《fink twice 501: 被遗忘的艺术》
尺寸 14.5 x 20 cm
页数 384
印数 1000
设计 Rob van Leijsen + Georg Rutishauser + Sonja Zagermann
印刷 Kösel GmbH & Co. KG, Altusried Krugzell
ISBN 978-3-03746-501-1
作者 Petra Elena Köhle + Nicolas Vermot-Petit-Outhenin
书名 *fink twice 502: Albert's Guesthouse*
《fink twice 502: 阿尔伯特的客房》
尺寸 13 x 19 cm
页数 160
印数 1000
设计 Petra Elena Köhle + Nicolas Vermot-Petit-Outhenin + Georg Rutishauser + Sonja Zagermann
印刷 Kösel GmbH & Co. KG, Altusried Krugzell
ISBN 978-3-03746-502-8
作者 Thomas Galler
书名 *fink twice 503: Walking through Baghdad with a Buster Keaton Face*
《fink twice 503: 以巴斯特·基顿的面孔步行穿过巴格达》
尺寸 16.8 x 21 cm
页数 176
印数 1000
设计 Thomas Galler + Georg Rutishauser + Sonja Zagermann
印刷 Kösel GmbH & Co. KG, Altusried Krugzell
ISBN 978-3-03746-503-5

“Seto”语（Seto Language）是一种源于爱沙尼亚东南部地区与爱沙尼亚语相似的古老语言。事实上，如今全世界能使用这种语言的人不过寥寥几千，而外界对这种古老的语言也知之甚少。由 Seto Institute（Seto 研究院）编辑出版的丛书《The Seto Library. Seto Kirävara》，由多位作者以“Seto”语写成并以大量文献资料文字、图片为参照，致力于介绍这种独特的语言。由爱沙尼亚设计师 Agnes Ratas 担当本书的书籍设计简约的设计灵感均取材于当地民族服饰上常见的纹样，包括刺绣、几何纺织装饰品。传统图案的应用从封面开始，经书脊蔓延到封底，尤其在书脊上更是集中地使用动物、植物和几何图案。封面以红色的图案和文字采用单色印刷的方式印在白纸上卷与卷之间则是以红色色调的变化来区分，如果将整套书摞在一起就可以清晰地辨识出从首卷到末卷的颜色渐变。这套丛书的出版再次清晰地展示了书是社会结构和非物质遗产间的媒介

Ehrendiplome

作者　various（多位作者，丛书）
系列名　The Seto Library. Seto Kirävara
尺寸　16 x 24 cm / 10.5 x 16 cm
页数　平均 300
印数　700~800

设计　Agnes Ratas
印刷　Greif
出版　Seto Instituut

14

Book
Design
2015
16

雅昌艺术书墙——全球最大艺术图书书墙隆重揭幕

015年5月13日，第11届中国（深圳）国际文化产业博览交易会雅昌艺术中心分会场正式启动，深圳市区领导、雅昌文化集团董事长万捷、雅昌艺术中心总顾问——台湾行人文化实验室董事长廖美立、故宫博物院院长单霁翔等艺术界嘉宾为“全球最大艺术图书书墙”隆重揭幕。

本届深圳文博会雅昌艺术中心分会场以备受瞩目的世界最大艺术书墙——“雅昌艺术书墙”的首度亮相拉开序幕，并以“传递艺术之美，让艺术走进生活”为主题开展了一系列艺术主题活动。

雅昌艺术中心由雅昌文化集团全力打造，台湾行人文化实验室（原诚品书店创始团队）担纲总顾问，国内外知名设计师团队携手，历时八年筹建而成。艺术中心总建筑面积42 000平方米，是融中国艺术品数据中心、艺术图书博物馆、艺术普及教育区、专业展览区等多种艺术功能区为一体的综合性建筑。中心包含约3900平方米的博物馆式艺术书店，一座约50米×30米的丰碑式艺术书墙；以及Taschen书店、美术馆、多功能礼堂、户外剧场、IT展示中心等美学空间。中心内收集世界最美最全的艺术图书，汇聚全球涵盖10个语种 、国内外2000家出版社的5万种艺术图书资源。文博会期间，观众可通过网页、电话及微信等方式预约参观雅昌艺术中心、参加讲座及展览，一睹这雄伟震撼的“丰碑式建筑”以及全球精品艺术图书的浩瀚之美，其中许多珍贵限量版西洋古典艺术藏书更是首次到深与市民见面。

雅昌文化集团董事长、雅昌艺术中心总创意与规划者万捷表示，作为一个文化多元性和包容性的年轻城市，深圳是国内文化创意产业的领跑者之一，“创新”几乎已成为深圳的一个代名词。雅昌在由传统产业向现代文化创意产业转型的过程中，深圳各政府部门一直给予大力肯定与支持。雅昌的发展和深圳的文化体制、文化产业发展环境密不可分，实际上，雅昌艺术中心就是深圳文化体制创新的一个成果。这个全新的艺术美学复合体，是将传统书店和现代IT技术完美结合，打造出一个艺术界人士和艺术爱好者享受到全方位艺术服务的全新艺术中心的样态，既体现了创意者对传统纸质书籍的敬重，同时又彰显出现代IT技术拥抱融合传统行业的开放姿态。